长江设计文库

实施
乡村振兴
战略

如何做好
村级乡村振兴规划

RuHe ZuoHao

CunJi XiangCun ZhenXing GuiHua

■ 吕　涛　主　编
　李天华　　副主编

长江出版社
CHANGJIANG PRESS

图书在版编目（CIP）数据

如何做好村级乡村振兴规划 / 吕涛主编 . -- 武汉：
长江出版社，2024.6
    ISBN 978-7-5492-8834-2

    Ⅰ . ①如… Ⅱ . ①吕… Ⅲ . ①乡村规划 – 研究 – 中国
Ⅳ . ① TU982.29

    中国国家版本馆 CIP 数据核字 (2023) 第 058941 号

如何做好村级乡村振兴规划
RUHEZUOHAOCUNJIXIANGCUNZHENXINGGUIHUA
吕涛　主编

责任编辑：　郭利娜
装帧设计：　郑泽芒　汪雪
出版发行：　长江出版社
地　　址：　武汉市江岸区解放大道 1863 号
邮　　编：　430010
网　　址：　http://www.cjpress.com.cn
电　　话：　027-82926557（总编室）
　　　　　　027-82926806（市场营销部）
经　　销：　各地新华书店
印　　刷：　湖北金港彩印有限公司
规　　格：　787mm×1092mm
开　　本：　16
印　　张：　20
字　　数：　310 千字
版　　次：　2024 年 6 月第 1 版
印　　次：　2024 年 6 月第 1 次
书　　号：　ISBN 978-7-5492-8834-2
定　　价：　148.00 元

吕　涛

长江设计集团工程移民规划研究院院长，正高级工程师，硕士，注册土木工程师（岩土）。

长期从事大型水利水电工程的移民安置规划设计及研究工作，涵盖了水利水电工程从规划论证、项目建议书、可研、初设、实施、后评价等各个阶段的移民工作，水利行业移民相关规程规范的制定，水利水电移民后扶政策等专题研究工作。负责完成了多项大型跨流域调水工程、大型水利枢纽工程、大型水电站工程及防洪工程的移民安置规划设计工作，包括所涉及的众多城（集）镇和农村集中安置点的规划设计工作，曾参与《三峡后续工作总体规划》等顶层规划的编制工作。在国内学术会议及核心期刊发表论文 5 篇，参与编撰书籍或著作 3 部，获得发明专利或实用新型 4 项。规划设计项目曾获得湖北省科技进步三等奖和优秀城乡规划设计三等奖各一次。

作者简介

李天华

国家投资项目评审中心处长，正高级工程师，博士，注册咨询工程师（投资）、注册造价工程师、注册监理工程师。

长期从事水利水电工程的咨询评估及研究工作，涵盖了国家投资项目及重大专项规划、项目建议书、可研、初设、资金申请报告及后评价等阶段的评审（估），水利行业有关标准规范等制定、审查，水利宏观政策和相关专题研究等。负责完成大型跨流域调水工程、大型水利枢纽工程、大型灌区工程、防洪工程及水生态治理工程等国家重大工程的咨询评估工作，承担水利工程设计概（估）算编制规定和配套定额修订的审查及国家发展和改革委员会委托课题研究工作，曾参与国家发展和改革委员会中央预算内投资管理方面部分重要文件起草工作，在国内学术会议及核心期刊发表 SCI 等论文十余篇，设计咨询项目曾获省部级奖励。

在新时代脱贫攻坚目标任务如期完成的基础上，我国已踏上全面推进中国特色社会主义乡村振兴大道，"三农"工作重心发生历史性转移，实施乡村振兴战略成为新时代做好"三农"工作的总抓手。习近平总书记强调，实现乡村振兴是前无古人、后无来者的伟大创举，没有现成的、可照抄照搬的经验。要推动乡村振兴健康有序进行，必须规划先行。如何遵循乡村发展规律、立足资源特色，谋划一幅农业高质高效、乡村宜居宜业、农民富裕富足的"富春山居图"，对实现乡村振兴至关重要。

目前，各地乡村振兴规划编制从县域、镇域层面延伸到了村。作为农村基层管理单位，村级乡村振兴规划既是对县域、镇域乡村振兴战略规划的细化和落实，也是指导实施建设的指导性文件，既体现宏观战略，又为村庄的发展提供实施建议，在规划和实施之间起到承上启下的作用，兼具战略性和实施性。由于实现乡村振兴是前所未有的创举，规划同样没有现成经验可以遵循，尚处于摸索阶段。本书结合近几年承担的数百个村级乡村振兴规划实践编写而成，以问答的方式、图文并茂的形式，力图以通俗易懂的叙述风格、逻辑严谨的内容编排，对村级乡村振兴规划如何做进行深入浅出的分析梳理，系统回答了为什么编制规划，怎么编制规划，对规划中出现的问题进行了详细阐述，总结的这些做法已在工作实践中得到充分体现，并取得良好效果。

全书以开展村级乡村振兴规划为脉络展开，全书共分16章。第一章规划背景，讲述了相关背景和主要内容；第二章规划体系，介绍了村级乡村振兴规划在现有乡村规划体系中的地位和作用；第三章前期准备，介绍了案头研究工作内容；第四章现场调研，提出了完成高质量调研工作的要求和措施；第五章总体规划，提出了开展全局性发展政策与设想的思路；第六章至第十章，按照"乡风文明、生态宜居、治理有效、产业兴旺、生活富裕"的总要求和全面推进产业、人才、文化、生态、组织"五个振兴"的具体路径，分别阐述了"产业发展""乡村建设""乡风文明建设""社会治理"和"人才建设"等五部分专项规划内容及思路；第十一章投资估算，介绍了规划项目投资估算方法和资金来源及资金进度计划安排的思路；第十二章规划效果分析，提出对规划期内的规划效果进行分析预测的方法；第十三章规划实施保障，针对如何落实规划提出保障措施和支撑体系建设；第十四章问题及建议，提出规划中存在的问题及对策建议；第十五章规划审批，主要介绍如何配合委托方做好规划衔接、论证、送审相关工作内容；第十六章后记，主要是对一些问题的深层次思考。

吕涛、李天华共同提出本书的编写思路，负责全书的统稿、校审和定稿。第一章、第二章、第四章、第六章、第十一章、第十二章、第十五章由陆非编写，共计12万字；第五章、第十三章、第十四章由王洁心编写，共计7万字；第三章、第十章由张晓颖编写，共计4.5万字；第八章、第九章由潘惠编写，共计3.5万字；第七章由王之婳编写，共计3万字。在此表示衷心感谢。

由于涉及多个学科领域，加之水平有限和时间仓促，书中难免有疏漏和不妥之处，敬请广大读者批评指正。

作　者
2024年4月

目 录

CONTENTS

第一章　规划背景　　　　　1

第二章　规划体系　　　　　17

第三章　前期准备　　　　　31

第四章　现场调查　　　　　49

第五章　总体规划　　　　　143

第六章　产业发展规划　　　156

第七章　乡村建设规划　　　196

第八章　乡风文明建设规划　　242

第九章　社会治理规划　　266

第十章　人才建设规划　　278

第十一章　投资估算　　289

第十二章　规划效果分析　　294

第十三章　规划实施保障　　301

第十四章　问题及建议　　305

第十五章　规划审批　　308

第一章

规划背景

规划背景
- 为什么实施乡村振兴战略
  - 乡村振兴战略的背景
  - 乡村振兴战略的意义
  - 乡村振兴战略的内涵
- 乡村振兴战略是什么
  - 与脱贫攻坚的关系
  - 与高质量发展的关系
  - 与共同富裕的关系
  - 与新型城镇化的关系
  - 与美丽乡村的关系
- 实施乡村振兴战略怎么做
  - 乡村振兴战略的法治保障
  - 乡村振兴战略的时间表
  - 乡村振兴战略的路线图
  - 2018年以来的中央一号文件
  - 编制乡村振兴规划

规划背景

1. 乡村振兴战略的背景

2. 乡村振兴战略的意义

3. 乡村振兴战略的内涵

4. 乡村振兴战略与脱贫攻坚的关系

5. 乡村振兴战略与高质量发展的关系

6. 乡村振兴战略与共同富裕的关系

7. 乡村振兴战略与新型城镇化的关系

8. 乡村振兴战略与美丽乡村的关系

9. 乡村振兴战略的法治保障

10. 乡村振兴战略的时间表

11. 乡村振兴战略的路线图

12. 2018 年以来中央一号文件部署的行动

13. 为什么要编制乡村振兴规划

1. 乡村振兴战略的背景

答　我国是农业大国，农业农村农民问题是关系国计民生的根本性问题，解决好"三农"问题始终是全党工作的重中之重。新中国成立初期，党就确定了包括农业现代化在内的"四个现代化"基本目标。党的十八大以来，以习近平同志为核心的党中央坚持把解决好"三农"问题作为全党工作重心，出台了一系列强农惠农富农政策，推动农业农村发展取得了历史性成就。但由于历史欠账较多，当前我国发展的最大不平衡不充分仍然在农村，农业竞争力仍然不强，农民收入水平仍然较低，农村仍然普遍落后，农村是全面建成小康社会和全面建设社会主义现代化国家的最突出短板。

为此，党的十九大报告提出实施乡村振兴战略，助推农业现代化，促进农村治理现代化，有效提高农民收入。党的二十大报告提出要坚持农业农村优先发展，加快建设农业强国，扎实推动乡村产业、人才、文化、生态、组织振兴。

2. 乡村振兴战略的意义

答 习近平总书记指出："在现代化进程中，城的比重上升，乡的比重下降，是客观规律，但在我国拥有近 14 亿人口的国情下，不管工业化、城镇化进展到哪一步，农业都要发展，乡村都不会消亡，城乡将长期共生并存，这也是客观规律。"中国超大的人口规模决定即便城镇化率达到 70%，也仍将有 4 亿多人口在农村。因此，没有农业农村现代化，就没有整个国家的现代化。农业强不强、农村美不美、农民富不富，决定着社会主义现代化的质量。实施乡村振兴战略，就是从根本上解决新时代社会主要矛盾、城乡差别、乡村发展不平衡和不充分的问题，是破解我国"三农"问题的金钥匙，为农村发展指明了方向。

3. 乡村振兴战略的内涵

答 实施乡村振兴战略的总目标分为三个阶段：到 2020 年，乡村振兴取得重要进展，制度框架和政策体系基本形成；到 2035 年，乡村振兴取得决定性进展，农业农村现代化基本实现；到 2050 年，乡村全面振兴，农业强、农村美、农民富全面实现。为实现乡村振兴战略的总目标，提出了乡村振兴战略的总方针，即"产业兴旺、生态宜居、乡风文明、治理有效、生活富裕"，反映了乡村振兴战略的丰富内涵。

其中，产业兴旺是重点，要引导资本、技术、劳动力等要素流向农业农村，形成现代农业产业体系和第一、二、三产业融合发展体系，保持农业农村经济发展的旺盛活力。生态宜居是关键，要推动村庄环境干净整洁向美丽宜居升级，推进乡村绿色发展，打造人与自然和谐共生发展新格局。乡风文明是保障，要繁荣兴盛农村文化，满足农民精神需求，

营造乡风文明新气象，让农民既富口袋，也富脑袋。治理有效是基础，要加强农村基层基础工作，建立健全现代乡村社会治理体制和乡村治理体系，让农村既充满活力又和谐有序。生活富裕是根本，要增加农民收入，提高农村民生保障水平，塑造美丽乡村新风貌。

4. 乡村振兴战略与脱贫攻坚的关系

答 脱贫攻坚与乡村振兴是党为实现两个一百年战略目标制定的重要战略。脱贫攻坚以消灭绝对贫困为目标，是为实现党的第一个百年奋斗目标而制定；乡村振兴以实现农业农村现代化为目标，是实现党的第二个百年奋斗目标的关键战略。

从对象上看，脱贫攻坚主要针对贫困地区，乡村振兴主要针对所有农村区域和农村人口；从目标上看，脱贫攻坚解决绝对贫困问题，乡村振兴缓解相对贫困、缩小收入差距；乡村振兴包括"产业振兴、人才振兴、文化振兴、生态振兴、组织振兴"五个部分，脱贫攻坚期间在产业发展、生态宜居、教育保障、医疗保障、乡风文明、体制机制与基层治理等方面的实践，为乡村振兴的体制机制建设和政策制定提供了可借鉴的经验。

总体来看，脱贫攻坚是阶段性底线目标，是乡村振兴的基础和前提，实施乡村振兴战略是一项长期的历史性任务，是对脱贫攻坚的巩固和深化，二者方向上一致，任务上有重叠。2021年，脱贫攻坚战取得全面胜利，"三农"工作重心历史性地转移到全面推进乡村振兴上。与此同时，在"十四五"时期设立衔接过渡期，严格落实"四个不摘"（摘帽不摘责任、摘帽不摘政策、摘帽不摘帮扶和摘帽不摘监管）要求，保持主要帮扶政策总体稳定，巩固拓展脱贫攻坚成果同乡村振兴有效衔接。

5. 乡村振兴战略与高质量发展的关系

答 目前，我国经济已由高速增长阶段转向高质量发展阶段，高质量发展是全面建设社会主义现代化国家的首要任务，而全面建设社会主义现代化国家，最艰巨、最繁重的任务在农村。因此，乡村振兴与高质量发展之间天然存在紧密的内在联系和实践逻辑。

一方面，乡村振兴战略以"产业兴旺、生态宜居、乡风文明、治理有效、生活富裕"为总要求，以"产业振兴、人才振兴、文化振兴、生态振兴、组织振兴"为着力点，其内涵与高质量发展"创新、协调、绿色、开放、共享"相呼应，其政策意蕴与高质量发展相契合。另一方面，乡村振兴能增进广大农民的获得感、幸福感、安全感和增强农民参与乡村振兴的能力，又为实现高质量发展提供坚实的物质及安全保障、制度改革保障、广阔市场发展空间和人才智力支撑。

因此，高质量发展是实施乡村振兴战略的基本要求和导向，乡村振兴是推动高质量发展的重要举措，是实现高质量发展的"压舱石"。

6. 乡村振兴战略与共同富裕的关系

答 共同富裕是全体人民通过辛勤劳动和相互帮助最终达到丰衣足食的生活水平，是消除两极分化和贫穷基础上的普遍富裕。我国经济社会发展的不平衡不充分问题，集中体现在城乡差距过大、农村居民收入过低。在新的历史发展时期，要实现共同富裕这一发展目标，最大的难点就在于缩小城乡差距。实施乡村振兴战略，就是要不断拓宽农民增收渠道，全面改善农村生产生活条件，促进社会公平正义，增进农民福祉，不断缩小城乡收入差距，让亿万农民走上共同富裕的道路。由此，实施乡村振兴战略是实现共同富裕的必经之路。

7. 乡村振兴战略与新型城镇化的关系

答 推进乡村振兴与新型城镇化都是我国发展建设的重要内容。2018年中共中央、国务院印发的《乡村振兴战略规划（2018—2022年）》明确提出："坚持乡村振兴和新型城镇化双轮驱动，统筹城乡国土空间开发格局，优化乡村生产生活生态空间，分类推进乡村振兴。"由此，乡村振兴与新型城镇化双轮驱动成为新常态。

由于农村相对落后、自身发展动力不足的特点，决定了乡村振兴不能只在农村发展农村，必须走城乡融合发展之路。新型城镇化战略立足城市，根植于乡村，乡村振兴战略聚焦于乡村，联动城市，最终形成工农互促、城乡互补、协调发展、共同繁荣的城乡融合发展新格局。

总体上，城乡融合发展是实现乡村振兴的路径与导向，新型城镇化是促进乡村振兴的重要推动力。实施乡村振兴与推进新型城镇化是你中有我、我中有你，相互补充、相互促进的关系，需要互相"借力"。

8. 乡村振兴战略与美丽乡村的关系

答 乡村振兴战略与美丽乡村建设一脉相承，共同构成新时代"三农"发展的基本架构。

美丽乡村发端于习近平同志 2003 年在浙江实施的"千村示范万村整治"行动，美丽乡村的建设内容则随着所处的不同阶段、面对的不同问题、发展的不同需要而会有所不同，在不同的历史时期有着阶段性和时代性特点。美丽乡村的创建发轫于基层的创新创造，是自下而上与自上而下相结合的创造性探索，建设生态宜居美丽乡村是建设美丽中国的重要组成部分。

乡村振兴战略是习近平同志于 2017 年 10 月 18 日在党的十九大报告中提出的战略，是中国特色社会主义进入新时代做好"三农"工作的总抓手，是一定时期的战略性安排，是自上而下的行政动员，体现的是政府的意志。乡村振兴战略的总体目标是到 2050 年，乡村全面振兴，农业强、农村美、农民富全面实现。

9. 乡村振兴战略的法治保障

答　乡村振兴战略的法治体系包括法律法规、条例和部委、省级政府出台的相关制度，共同构成了实施乡村振兴战略的法律框架。2021 年 6 月 1 日，《中华人民共和国乡村振兴促进法》正式施行，标志着乡村振兴战略迈入有法可依的新阶段。《中华人民共和国乡村振兴促进法》是我国第一部以乡村振兴命名的基础性、综合性法律，是促进乡村振兴打基础、管长远、固根本的大法。除此之外，还有中央一号文件、《乡村振兴战略规划（2018—2022 年）》、《中国共产党农村工作条例》等，共同构筑了实施乡村振兴战略的法治基石。

10. 乡村振兴战略的时间表

答 乡村振兴战略，是党的十九大提出的一项重大战略，是关系全面建设社会主义现代化国家的全局性、历史性任务，是新时代"三农"工作的总抓手。实施乡村振兴战略分为三个步骤：

到2020年，乡村振兴取得重要进展，制度框架和政策体系基本形成。总体目标是乡村振兴取得重要进展，制度框架和政策体系基本形成，重点是现行标准下农村贫困人口实现脱贫，贫困县全部摘帽，解决区域性整体贫困。

到2035年，乡村振兴取得决定性进展，农业农村现代化基本实现。总体目标是乡村振兴取得决定性进展，农业农村现代化基本实现，体现在农民收入上，就是相对贫困进一步缓解，共同富裕迈出坚实步伐。

到2050年，乡村全面振兴，农业强、农村美、农民富全面实现。

到那时，我国将建成富强民主文明和谐美丽的社会主义现代化强国，乡村也将全面振兴，农业强、农村美、农民富全面实现。

11. 乡村振兴战略的路线图

答 天下大事必作于细，有了时间表就要有路线图。习近平总书记提出了"五个振兴"的乡村振兴路线图，即产业、人才、文化、生态和组织振兴，构建起了乡村振兴的"四梁八柱"。

产业兴旺是重点，产业是发展的根基，产业兴旺，农民收入才能稳定增长。人才队伍是基石，激励各类人才在农村广阔天地大展才华、大显身手，打造一支强大的乡村振兴人才队伍，才能形成发展的良性循环。乡风文明需铸魂，实施乡村振兴战略需要物质文明和精神文明一起抓，有了繁荣的农村文化、文明的乡风民风，才能为乡村振兴提供持续的精

神动力。生态宜居是关键，良好的生态环境是乡村的宝贵财富，发展不能以破坏生态为代价。推动绿色发展，才是乡村振兴的长远之策。基层党组织是"主心骨"，农村基层党组织强不强，基层党组织书记行不行，直接关系到乡村振兴战略的实施效果好不好。

12. 2018 年以来中央一号文件部署的行动

 2018 年以来，中央连续公布一号文件聚焦乡村振兴战略，标志着"三农"工作重心历史性地转向全面推进乡村振兴。

2018 年中央一号文件《中共中央 国务院关于实施乡村振兴战略的意见》重点围绕实施乡村振兴战略定方向、定思路、定任务、定政策，是全面谋划新时代乡村振兴的顶层设计，是一个管全面、管长远的文件，是一个指导性、针对性和前瞻性都很强的文件，也是一个政策含金量很高的文件。

　　2019 年中央一号文件《中共中央 国务院关于坚持农业农村优先发展做好"三农"工作的若干意见》，将打赢脱贫攻坚战略列为头号硬任务进行了具体部署，是决胜全面小康攻坚冲刺阶段的一号文件，也是脱贫攻坚和乡村振兴交会推进时期的一号文件。

　　2020 年中央一号文件《中共中央 国务院关于抓好"三农"领域重点工作确保如期实现全面小康的意见》，对实现乡村振兴起着承上启下的作用。"承上"，主要是 2020 年要全面消除绝对贫困，要对农村全面建成小康社会做最后的扫尾工作和全面期末检查。"启下"，则从保障农产品供应、促进农民收入持续增收、加强农村基层治理，以及强化对农村补短板保障措施等角度，为实现乡村全面振兴建立了基本制度框架和政策体系。

　　2021 年中央一号文件《中共中央 国务院关于全面推进乡村振兴加快农业农村现代化的意见》，是处在两个一百年交界和"十四五"规划的开局之年，指出打赢脱贫攻坚战、全面建成小康社会后，要进一步巩固拓展脱贫攻坚成果，接续推动脱贫地区发展和乡村全面振兴。

2022 年中央一号文件《中共中央 国务院关于做好 2022 年全面推进乡村振兴重点工作的意见》，以牢牢守住保障国家粮食安全和不发生规模性返贫为底线，以扎实有序推进乡村发展、乡村建设、乡村治理为重点，强调坚持和加强党对"三农"工作的全面领导，明确了全面推进乡村振兴的年度工作要点和任务清单。

2023 年中央一号文件《中共中央 国务院关于做好 2023 年全面推进乡村振兴重点工作的意见》，以全面贯彻党的二十大精神，锚定加快建设农业强国目标，聚焦乡村振兴主体，注重长短结合，突出"短实新"特点，紧紧围绕全面推进乡村振兴必须守牢的底线、迫切需要解决的问题，明确重点任务和政策举措，主要内容可以概括为守底线、促振兴、强保障。

13. 为什么要编制乡村振兴规划

答 习近平总书记强调，实现乡村振兴是前无古人、后无来者的伟大创举，没有现成的、可照抄照搬的经验。乡村振兴不是标准化的产品，也不是一张白纸，不可能"千村一面"，也经不起反复"涂改"。因此，实施乡村振兴战略，要遵循乡村建设规律，首先要坚持科学规划、系统设计，一件事情接着一件事情办，一年接着一年干，从容建设，步步为营、久久为功。没有规划引领，不打好"提纲"，难免会在建设中出现偏差，在发展中存有遗憾，甚至出现失误、差错。因此，为了防止走弯路、翻烧饼，推动乡村振兴健康有序进行，必须规划先行。

第二章
规划体系

```
                                     ┌─ 国土空间规划体系
                      乡村振兴规划    ├─ 乡村振兴规划体系
                         是什么       ├─ 村级乡村振兴规划的作用
                                     └─ 村级乡村振兴规划与村庄规划的关系
         规划体系
                                     ┌─ 规划内容及深度
                                     ├─ 规划指导思想
                      乡村振兴规划    ├─ 规划原则
                         怎么做       ├─ 规划范围
                                     ├─ 规划编制程序
                                     └─ 规划成果
```

规划体系

14. 我国国土空间规划体系

15. 乡村振兴规划编制体系

16. 村级乡村振兴规划的作用

17. 村级乡村振兴规划与村庄规划的关系

18. 村级乡村振兴规划内容及深度

19. 村级乡村振兴规划指导思想

20. 村级乡村振兴规划原则

21. 村级乡村振兴规划范围

22. 村级乡村振兴规划编制程序

23. 村级乡村振兴规划成果

14. 我国国土空间规划体系

答 2018 年，中共中央、国务院出台了《关于统一规划体系更好发挥国家发展规划战略导向作用的意见》（中发〔2018〕44 号），确定建立以国家发展规划为统领，以空间规划为基础，以专项规划、区域规划为支撑的规划体系。总体上，可概括为"五级三类四体系"的结构。从规划层级看，分为国家、省、市、县、乡镇等"五级"，其中国家和省级规划侧重战略性；市、县级规划承上启下，侧重传导性；乡镇级规划侧重实施性，实现各类管控要素精准落地。从规划内容类型看，分为总体规划、详细规划、相关专项规划等"三类"规划类型，其中总体规划强调综合性，详细规划强调实施性，相关专项规划强调专业性。从规划运行方面看，包括规划编制审批、实施监督、法规政策、技术标准等"四体系"。

总体规划	详细规划		相关专项规划
全国国土空间规划			专项规划
省级国土空间规划			专项规划
市级国土空间规划			专项规划
县级国土空间规划	（边界内）详细规划	（边界外）村庄规划	
乡镇级国土空间规划			

三类　五级

四体系

实施监督体系　编制审批体系　技术标准体系　政策法规体系

国土空间规划"五级三类四体系"

15. 乡村振兴规划编制体系

答 乡村振兴规划是国土空间规划体系中的专项规划。2018 年，中共中央、国务院印发的《乡村振兴战略规划（2018—2022 年）》，是各地区乡村振兴规划的上位规划，是各级政府在一定时期贯彻落实乡村振兴战略的纲领和指导。随后省、市、县、乡镇等各级政府相继出台了乡村振兴规划，作为各地推动乡村振兴工作的总抓手。乡镇和村庄层面的乡村振兴规划是规划体系的末端，乡镇级乡村振兴规划是在县域乡村振兴规划的指导下,对镇域的乡村振兴工作进行落实与布局,侧重于战略；村级乡村振兴规划则在村级层面，以实施为导向的详细规划，是对村庄发展的总体安排，是落实"产业兴旺、生态宜居、乡风文明、治理有效、生活富裕"的具体谋划，侧重于实施。

全国	乡村振兴规划
省级	乡村振兴规划
市级	乡村振兴规划
县级	乡村振兴规划
乡镇级	乡村振兴规划

乡村振兴规划体系

16. 村级乡村振兴规划的作用

 村级乡村振兴规划是国家、省、市、县乡村振兴战略规划的细化和落实，兼具战略性和实施性。

战略性体现在要顺应前提，即呼应国家、省、市、县乡村振兴战略规划的定位和要求，充分把握上位规划的指导思想和布局，找准村庄的定位，明确村庄未来的发展方向和奋斗目标，是管全局、管根本、管长远的"计划书"。

实施性体现在提出精准实用的路径，即着眼所在区（县）发展要求，明确一定时期内的工作重点、重要措施，系统谋划论证一批整体性、综合性项目，编制项目库，形成落实乡村振兴战略规划的具体布局，是村庄发展的"施工图"。

17. 村级乡村振兴规划与村庄规划的关系

答 2019年，自然资源部办公厅发布的《关于加强村庄规划促进乡村振兴的通知》（自然资办发〔2019〕35号），要求整合村土地利用规划、村庄建设规划等乡村规划，实现土地利用规划、城乡规划等的有机融合，编制"多规合一"的实用性村庄规划。

村庄规划是法定规划，是国土空间规划体系中乡村地区的详细规划。规划的重点在于优化调整村庄空间布局和各类用地布局，重在全域管控，是开展国土空间开发保护活动、实施国土空间用途管制、核发乡村建设项目规划许可、进行各项建设等的法定依据，村庄规划的重点是全域管控、村庄建设两个维度。

村级乡村振兴规划是乡村振兴战略规划从战略安排到指导实施的桥梁，是村庄层面兼具战略性和实施性的综合规划，是在乡村振兴目标指导下，对一定时期内乡村发展的总体安排和具体措施，村级乡村振兴规划的重点是乡村发展、项目策划。

村庄规划是村级乡村振兴规划的上位规划，二者共同构成了对乡村的发展指引和规划管控。

18. 村级乡村振兴规划内容及深度

答 村级乡村振兴规划应遵循"产业兴旺、生态宜居、乡风文明、治理有效、生活富裕"20字要求，按照推动乡村产业振兴、人才振兴、文化振兴、生态振兴、组织振兴"五大"振兴的具体路径，以乡村产业发展、村庄建设、乡风文明建设、社会治理和人才建设等方面为抓手，提出解决村庄存在的问题和短板的实施项目库，项目谋划要与村庄的空间管控要求相对接，尤其是对于新增建设用地的管控，以便于真正落地实施。

需要注意的是，村级乡村振兴规划不是另起炉灶、推倒重来，是在市县级、乡镇级乡村振兴战略规划指导思想、基本原则、规划目标、发展定位之下，结合本村的实际情况，进一步明确村庄定位、职能，深化落实空间管控，细化具体发展措施，是对市县级、乡镇级规划措施的延续和深化，是添柴旺炉。

村级乡村振兴规划获批准后，由项目实施方组织开展初步设计或施工图设计，再组织实施。

19. 村级乡村振兴规划指导思想

答 指导思想是规划遵循的方针政策和总体思路，对规划内容起到引领和引导作用。规划指导思想要呼应宏观政策和上位规划的要求，落实村庄发展愿景和目标，明确村庄的发展方向，并从总体上决定着村庄的发展重点和思路。

村级乡村振兴规划的指导思想从国家和村庄两个方面展开。

国家层面是指规划遵循的方向和旗帜，是对规划工作依据的总体描述，包括两个层面的内容：一是习近平新时代中国特色社会主义思想，党和国家领导人对于"三农"工作的论述，对特定区域、特定场合的重

要讲话和指示批示；二是国家宏观层面的发展格局，新发展阶段、新发展理念、新发展格局和乡村振兴的总体要求。

村庄层面是指村庄面临的重大机遇、上位规划的定位，以及规划的思路、措施和效果，从村庄面临的实际情况来阐述。重大机遇和上位规划从各级领导对村庄做出的具体指示中总结提炼、上位规划包括区（县）层面的战略部署；规划的思路、措施和效果主要介绍村庄发展的总体安排和规划预期达到的效果。

20. 村级乡村振兴规划原则

规划原则是承接规划指导思想，对规划内容提出的具体要求。规划原则可以引导村庄将资源集聚，对村庄的规划措施具有约束作用。

村级乡村振兴规划的编制原则要符合上位规划，结合村庄实际情况，一般从发展理念、工作方法和村庄自身三个方面入手分析。

一是规划遵循的发展理念。用创新、协调、绿色、开放、共享的新发展理念统领乡村振兴工作，要运用系统和融合的理念指导规划，统筹城与乡、村庄与周边、村庄内部的关系，做好乡村振兴各要素之间的融合，提出该村的发展理念。

二是规划使用的工作方法。对于发展基础一般的村庄要坚持因地制宜、问题导向的原则，集中力量解决突出问题；发展基础较好的村庄要坚持创新开放、激活要素的原则，以便于凝聚合力提升发展质量。

三是村庄自身层面，用系统、全面、多维视角提出规划原则，正确理解村庄承载的多种资源要素，所处的区位发展条件，产业发展、村庄建设、乡风文明、社会治理、人才建设等多种发展目标，从中分析规划遵循的原则。

21. 村级乡村振兴规划范围

 村级乡村振兴规划编制涉及两个范围：一个是规划范围，另一个是研究范围。

规划范围一般包括行政村的村域范围，是乡镇级国土空间总体规划划定的村庄单元的范围，也是规划工作的重点区域。

研究范围指为了编制规划需要调查研究的与村庄有内在联系的区域，研究范围一般比规划范围大，通常要将周边区域行政村纳入研究范围，除此之外，还要分析研究村庄所在区县、乡镇的基本情况，以便全面掌握村庄所处的环境。

22. 村级乡村振兴规划编制程序

 村级乡村振兴规划编制程序包括前期准备、现场调查、总体规划、详细规划、输出成果、征询意见及上报。

前期准备包括合同及人员、资料收集与分析、工作基础条件和工作方式方法。

现场调查包括县级调查、乡镇调查、邻近区域调查和村庄调查。

总体规划包括提出村庄发展定位、发展目标及策略和村域建设总体布局两部分。

详细规划包括产业发展、乡村建设、乡风文明、社会治理、人才建设五方面的专项规划，并在此基础上提出项目库、编制投资计划、分析规划实施效果、提出实施保障和问题建议。

输出成果包括规划文本、规划图纸和项目库。

征询意见及上报包括将规划成果征求村庄、乡镇和县直部门意见，确保规划符合相关要求，按照委托方的要求将成果进行修改完善，对规划成果进行评审，最后按规定程序报有关部门审批。

23. 村级乡村振兴规划成果

答 村级乡村振兴规划成果包含文本、附表、附图三个部分。

文本是规划成果的主要内容，通常包括背景及现状、总体要求及规划、振兴具体措施、实施效果及保障等四个部分。

附表是文本的重要附件材料，辅助说明规划内容。当文本中难以清晰、直观和表达的内容，或者表达内容过于烦琐庞大时，可用附表形式表达，主要包括规划建设项目库明细表。

附图是文本的配套材料，辅助说明规划内容。附图一般包括区位分析图、区域发展条件分析图、相关规划分析图、村域综合现状图、村域土地利用现状图、村域空间结构规划图、村域建设布局规划图、村域道路交通规划图、村域公用设施规划图等。

第三章
前期准备

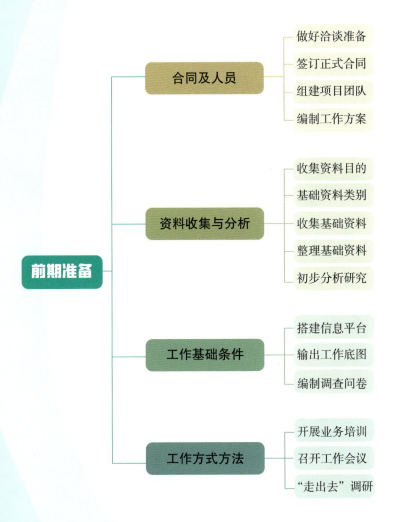

前期准备

合同及人员
- 做好洽谈准备
- 签订正式合同
- 组建项目团队
- 编制工作方案

资料收集与分析
- 收集资料目的
- 基础资料类别
- 收集基础资料
- 整理基础资料
- 初步分析研究

工作基础条件
- 搭建信息平台
- 输出工作底图
- 编制调查问卷

工作方式方法
- 开展业务培训
- 召开工作会议
- "走出去"调研

前期准备

24. 做好洽谈准备

25. 签订正式合同

26. 组建项目团队

27. 编制工作方案

28. 收集资料目的

29. 基础资料类别

30. 收集基础资料

31. 整理基础资料

32. 初步分析研究

33. 搭建信息平台

34. 输出工作底图

35. 编制调查问卷

36. 开展业务培训

37. 召开工作会议

38. "走出去"调研

24. 做好洽谈准备

答 当委托方具有规划编制项目委托意向时，应做好充分准备：

一是与委托方沟通，确认初步委托需求，核实委托方声誉。

二是明确委托方的具体诉求，并在规划内容、工作机制、工作安排、相关商务事项等问题充分交换意见的基础上达成共识。规划内容，主要包括规划对象、范围、年限、重点、深度等。工作机制，主要包括工作动员、资料收集、现场调研、食宿交通等。工作安排，主要包括工作进度、成果形式及相应的技术审查、审批程序等。相关商务事项，主要包括委托方式、成果保密等。

25. 签订正式合同

 在符合招投标程序的前提下，与委托方达成合作意向后，即可着手签订正式合同。

一是提出规划报价。根据规划任务量和工作难度，估算规划编制费用报价。报价应至少包括完成前期内业研究、外业现场调研和规划编制工作等三部分的费用，根据各个部分需要投入的成本，分项测算确定。

二是核对合同细节。明确取费标准、支付方式、违约赔付和成果保密等。

三是在上述工作基础上签订具有法律效力的正式合同书。

26. 组建项目团队

答　乡村振兴规划涉及城市规划、土地资源、建筑设计、景观设计、环境艺术、市政工程、农业科技、社会管理等多专业，组建优秀的项目团队是规划顺利开展的基础。

一是选定项目负责人。项目负责人在规划编制工作中起到领头羊的作用，应具备良好的专业素养和综合协调能力。主要根据三个方面选定：①具备相应的专业背景和丰富的规划编制工作经验，尤其是承担同类型项目的经验；②具有良好的团队合作意识；③具有较强的统筹沟通及应变能力，能合理分配团队人力资源，能与各级政府人员、普通村民、企业人员、大专院校进行深入交流，还需应对可能出现的突发情况。

二是选定项目组成员。项目组成员是规划编制工作的重要组成部分。主要根据三个方面选定：①合理的专业结构，既有主导专业人员（如城乡市规划、土地资源），也有配合专业人员（如建筑设计、景观环艺、市政工程、农业科技、社会管理）。②具备相应的专业背景和工作能力，按照项目负责人的安排完成交办的具体工作任务；具备主动学习能力，能主动掌握乡村振兴的相关政策背景，熟悉乡村的实际情况；具备团队协作能力，能根据现场情况工作需要适应工作安排调整。③有合适的年龄结构，既有经验丰富的资深专家，也要有精力充沛的中青年骨干，同时从培养队伍的角度，可以适当配备一定数量的低年资员工。

27. 编制工作方案

答 规划工作方案是开展规划编制工作的计划，是规划的行动纲领，主要包括总体要求（规划范围、规划定位、指导思想、规划原则、规划依据、规划期限、规划目标）、重点任务及内容、工作流程、规划文本初步框架、人员组织、进度安排和实施保障等内容。

规划工作方案的编制应准确清晰地回应委托方要求，且通俗易懂、具有操作性。方案编制过程中应与委托方充分沟通，在有条件的情况下可经委托方审定通过，委托各方须共同按方案开展相关工作。如果条件允许，可下发到包括区县、乡镇配合人员和村组干部在内的所有规划参与人员手上，保证规划工作具有良好的工作基础。

28. 收集资料目的

答 基础资料是掌握村庄基本情况的前提，是开展规划编制工作的先决条件，是规划顺利开展的基础性工作。通过资料收集，可以分析区域乡村振兴背景和总体安排，掌握规划的背景和上位规划的安排，理解编制乡村振兴规划的意义，明确村庄的总体定位，全面掌握村庄的发展阶段、发展优势、存在问题、发展诉求，以便针对性地提出后续规划措施。

29. 基础资料类别

答 基础资料包括法律法规、政策文件、相关规划、统计资料、典型案例和其他资料等。

法律法规：指现行法律法规、部门规章及规范性文件等。乡村振兴规划涉及的法律法规包括《中华人民共和国乡村振兴促进法》《中华人民共和国土地管理法》《中华人民共和国城乡规划法》《村庄和集镇规划建设管理条例》等。法律法规体现了国家对乡村振兴领域管理的要求和目标，为规划编制提供了法律依据，保证了规划相关内容的合法性和科学性。

政策文件：指各级政府组织以权威形式标准化地规定在一定时期内，应达到的奋斗目标、遵循的行动原则、完成的明确任务、实行的工作方式、采取的一般步骤和具体措施的文件。村级乡村振兴规划的政策文件主要包括国家、各部委、省、市、区（县）各级政府颁发的文件等方面，国家领导人的重要讲话和指示批示等。政策文件为规划提供了具体指导，为规划确定目标、任务和具体措施提供了重要依据和指导。

相关规划：指各级政府编制的各类规划，村级乡村振兴规划的相关规划包括省、市、区（县）各级政府编制的乡村振兴战略规划，区（县）层面的国民经济和社会发展"十四五"规划和行业"十四五"规划、国土空间规划、产业发展规划、其他相关专项规划等。收集相关规划的目的是整理分析各行各业、各个层面规划对村庄或周边区域的定位和要求，以便于各规划之间能互相衔接。

统计资料：指各类统计信息，包括所在区（县）的国民经济统计年鉴、所在乡镇的农经年报、村庄的户籍资料、人口普查资料和第三次国土调查成果（含村组界、地类图斑、统计表、高清影像图）。通过统计资料可以掌握村庄的自然资源、土地资源、产业发展、经营主体、社会经济、人口情况、劳动力情况、基础设施、基本公共服务设施、人居环境、社会治理和发展能力等方面情况。

典型案例：指与村庄具有相似或共通之处的规划案例，案例选取可结合规划编制单位自身的项目经验、开展实地踏勘和网络搜索等多种渠道，寻找与村庄具有相似特征的典型案例。案例选取条件要综合考虑村庄的区位条件、资源禀赋、产业基础、发展水平等方面的特点，选取具有参考意义的村庄。通过对相关案例进行分析研究，以便于对规划提供借鉴作用。

其他资料：其他资料是规划的重要补充，包括县、乡镇和村庄的自然、经济、社会等资料，如村庄及周边区域各类比例尺地形图、卫星影像图，与村庄相关的具有代表性的已建（在建）类似工程设计概算、施工预算、工程竣工结（决）算等相关资料。收集其他资料有利于全面掌握村庄及周边区域的情况，提高工作的效率和科学性，为策划具体项目提供依据。

30. 收集基础资料

答 基础资料的来源包括政府机构、企业主体、村民组织或社会团体。政府机构一般掌握法律法规、政策文件、统计资料、相关规划等，企业主体一般掌握产业规模、类型、市场、销售、存在的问题和发展的方向等，村民组织一般掌握村庄的基础信息、历史沿革、社会经济、人文景观、民俗文化等，社会团体一般掌握村庄的产业运行、社会管理等信息。

规划编制之前宜事先向地方牵头单位提供资料收集清单，由牵头单位通过公函或者其他形式落实不同部门资料收集的对接人，具体收集过程中要着重向对方解释说明资料收集的目的和作用，尽量收集电子格式的资料文件，便于后期整理分析。

基础资料收集途径一般包括网络信息、政府提供、查阅文献、座谈交流、实地踏勘、问卷调查等渠道。

资料收集工作至少需经过两轮工作：一是在开始规划编制前，目的是对区域的政策和环境建立初步的认识，以满足对村庄进行规划的要求。二是在规划编制中进行补充收集资料，结合外业调查和规划编制情况，针对具体情况和重点问题有的放矢，以便于能及时查漏补缺。

31. 整理基础资料

答 基础资料可能是通过不同渠道，从各个被调查单位收集来的，内容各有所侧重，可能无法反映村庄的整体情况，而且资料的质量可能良莠不齐，并非都能用、都用得上。因此，需要对收集的基础资料进行整理。

资料整理可按照可靠性、适用性和时效性的原则进行，具体采用去粗取精、去伪存真、由此及彼、由表及里的方法，筛选出与规划有关、能得到利用的资料，从而提高基础资料的使用价值。

32. 初步分析研究

在收集基础资料的基础上，对规划区进行初步分析研究。研究重点包括三个方面。

一是政策研究。解读国家、省、市、县各级发布的乡村振兴政策文件，梳理乡村振兴政策动向，理解乡村振兴的逻辑和方向。

二是案例分析。学习国内乡村振兴规划经典案例，梳理其规划要点与内容路径，为规划编制提供借鉴。

三是环境分析。全面了解县域自然资源和经济社会发展状况、规划区域功能定位、产业布局、主导产业，输出分析成果，通过外业调查进行核实。

研究方法要从纵向和横向两个方面展开。纵向研究，重点是分析研究规划对象的发展阶段、发展现状和总体特点；横向研究，主要通过对比研判其在相关区域的发展优势、发展特点和存在的主要问题，使下一步外业调查更加具有针对性，提高现场调研的效率。

33. 搭建信息平台

答 进入信息化时代，应用信息化技术是重要的技术手段。在村级乡村振兴规划中，首先要按照"需求牵引、应用至上、数字赋能、提升能力"要求，建设规划信息平台，运用信息平台整合相关地理信息和基本信息，辅助规划方案分析和可视化展示，并为规划实施的信息化奠定基础。

信息平台的主要建设内容包括：针对项目特点和规划需要，确定数据和功能等方面需求，进行设计与开发；基于 GIS、BIM 等技术，利用现有正射影像、三维模型、基础地理等数据，建立二、三维本底场景；整合相关信息，分别针对外业工作、规划分析和成果展示的需要，建立相应的工作底图和成果专题图，形成规划"一张图"。

34. 输出工作底图

答 工作底图是规划编制的地理基础，反映村庄规划范围内的地形、地物和各种用地现状及基础。输出工作底图有利于直观掌握村庄整体情况，为现场调查和规划编制工作提供基础。工作底图一般以卫星影像图为底，以规划范围（至少是行政村，最好是村民小组或者居民点）为单位，针对规划外业工作需要，分别输出集影像、范围、地类、面积和权属为一体的外业工作和规划编制的底图。

35. 编制调查问卷

答 调查问卷是掌握村庄一手资料的重要方式，规划前期准备工作中除了需要收集大量的基础资料外，还需要从被访者那里收集到最准确、最有利用价值的信息。为了确保掌握信息的精确度，通常需要事前编制调查问卷。

村级乡村振兴规划中，要根据不同的对象来编制相应调查问卷内容，调查对象一般包括上级政府及主管部门和村干部、普通村民等。针对区县、乡镇各级政府部门的调查问卷，内容主要针对村庄的发展定位和目标构想，了解村庄各方面存在的问题和短板。针对村干部和普通村民的调查问卷，主要了解村庄日常管理和各项工作的建议、对村庄未来发展的愿景。

调查问卷的设置要考虑不同填写人员的身份和职业特点，来对应设置问题和内容，问题描述要遵循简单、明了、准确的原则，还要兼顾问卷回收整理的便捷度，便于对问卷信息的统计分析。

36. 开展业务培训

答 业务培训的对象是针对项目组人员，要详细解读规划工作方案，让每个参编人员明白怎么编制村级乡村振兴规划、怎么绘制新时代多规合一的乡村振兴蓝图，以及如何实施。通过培训统一思想、统一标准，为有步骤、有特色地完成规划任务奠定基础。

37. 召开工作会议

答 编制乡村振兴规划是一项系统性工作，需要政府、相关职能部门、乡镇、村委、全体村民、当地专家等多部门多工种多人员协作。工作会议一般在正式启动规划编制工作前召开，会议有两个主要目的。其一是县政府对参会人员进行动员部署，宣布规划编制工作正式启动；其二是由设计单位对参会人员进行培训。通过召开工作会议要让全县上下充分认识编制规划的重要意义，明确规划编制工作的总体思路，落实不同人员的职责和任务，以确保高标准、高质量完成各项规划编制工作。

38."走出去"调研

答 乡村振兴没有现成经验可循，规划和建设中会遇到许多新情况、新问题，为了更好地吸取其他地区的经验和教训，有必要跨出本行政区，去其他地区进行调研。"走出去"调研分为两种情况。在规划编制前，可组织对先进地区进行调研，学习其成功经验，开阔眼界、开拓思路，在借鉴中创新思维。规划编制中，针对规划中的问题和难题，也可以适时开展调研工作，带着问题和纠结"走出去"，针对性地学习探究，换个角度思考问题，可能会起到豁然开朗的作用。

"走出去"调研由委托方和规划编制单位组织均可，参加人员一般由项目委托方和设计方组成。

第四章

现场调查

现场调查

39. 调查目的

40. 调查对象

41. 县级调查

42. 乡镇调查

43. 邻近区域调查

44. 村庄调查

45. 调查内容

46. 基本情况调查

47. 行政区划

48. 地理位置

49. 地形条件

50. 区位条件

51. 人口状况

52. 社会保障

53. 收支调查

54. 村庄类型

55. 规划编制

56. 产业发展调查

57. 第一产业调查

58. 土地资源

59. 农业生产条件

60. 农业基础设施

61. 农田水利设施

62. 田间道路工程

63. 平整土地工程

64. 林网建设

65. 土壤改良

66. 高标准农田建设

67. 物流基础设施

68. 仓储设施

69. 包装设施

70. 信息化设施

71. 农业技术装备

72. 农业生产性服务

73. 农业品牌建设

74. 发展优势

75. 特色优势产业

76. 产业优势

77. 发展趋势

78. 土地经营

79. 农林牧渔业

80. 种植业

81. 设施农业

82. 林果业

83. 养殖业

84. 经营主体

85. 第二产业调查

86. 加工业

87. 制造业

88. 手工业

89. 建材业

90. 第三产业调查

91. 旅游资源

92. 古树名木

93. 文化古迹

94. 特色餐饮项目

95. 农家乐项目

96. 民宿项目

97. 采摘园项目

98. 游园项目

99. 农业体验项目

100. 垂钓项目

101. 生态观光项目

102. 养生项目

103. 光伏发电项目

104. 物业经济

105. 飞地经济

106. 碳汇经济

107. 乡村建设

108. 道路工程

109. 供水工程

110. 排水工程

111. 电力工程

112. 信息基础设施

113. 生活能源

114. 防灾减灾

115. 消防设施

116. 行政管理设施

117. 教育设施

118. 文化设施

119. 卫生设施

120. 体育健身设施

121. 商业服务设施

122. 养老服务设施

123. 公共墓地

124. 环卫设施

125. 厕所革命

126. 污水处理

127. 黑臭水体

128. 绿化景观

129. 建筑风貌

130. 房屋质量安全

131. 闲置房屋

132. 空闲用地

133. 生态保护

134. 社会治理调查

135. 基层组织调查

136. 基层党组织

137. 群众自治组织

138. 群团组织和社会组织

139. 制度建设

140. 队伍建设

141. 村务管理

142. 法治建设

143. 矛盾处理

144. 平安乡村建设

145. 各类活动组织

146. 文化产品

147. 文化传承

148. 人才建设情况调查

149. 人才制度机制

150. 人才现状

151. 新乡贤

152. 村民发展能力调查

153. 自我发展能力

154. 自我发展意识

155. 自然社会环境

156. 现场调查总结

157. 政策要求总结

158. 基本情况总结

159. 产业发展现状总结

160. 乡村建设现状总结

161. 社会治理现状总结

162. 人才建设现状总结

163. 发展能力总结

164. SWOT 分析

39. 调查目的

答 习近平总书记说过：研究问题、制定政策、推进工作，刻舟求剑不行，闭门造车不行，异想天开更不行，必须进行全面深入的调查研究，掌握全面真实、丰富生动的第一手材料，做到耳聪目明、心中有数，想出来的方案符合实际情况，集中民智、体现民意、反映民情，不好高骛远，不脱离实际。调查研究是规划编制工作的重要基础，只有通过现场调查才能把乡村的真相和全貌调查清楚，把村庄存在的问题和发展的规律把握准确，把解决问题的思路和对策研究透彻。

调查工作最忌讳的是走马观花、蜻蜓点水、道听途说，纯粹完成任务。在调查方法上要坚持"五到"的要求，即看到、听到、拍到、问到、走到，对调查过程中看到、听到的情况和信息，要问清楚原因和想法，要拍清楚照片，走到村庄的每一个角落。

在调查过程中还要遵循反复调查的工作原则，要保持客观审慎的态度，对于存有疑问的问题要做到反复调查，直到弄清真实情况为止。调查时间应满足调查要求，考虑调查人员投入和调查难度动态调整，以笔者参与的河南省淅川县邹庄村乡村振兴规划调研为例，邹庄村全村人口700余人、村庄面积1000余亩，村庄现场调查人员10人，调研时长约7天，供各位同仁参考。

40. 调查对象

答 调查对象包括县级、乡镇级和村级三个层次，必要时可组织外出调查。

县级调查的对象是各县直部门，包括发改委、财政局、统计局、自然资源局、住建局、农业农村局、文旅局、水利局、交通局、生态环境局、人社局、民政局等，通过调查了解县域经济社会发展总体情况、县直部门对乡村振兴工作的安排和想法、县内各区域乡村振兴工作的重点等。

乡镇级调查的对象是乡镇政府及相关职能部门，调查乡镇的区位、交通、资源等特点，村庄所在区域的优势资源等。

村级调查包括对村庄本身和邻近区域调查，邻近区域调查要掌握村庄与周边区域的设施共享、联动发展等。

41. 县级调查

答 　县级政府上承省市、下接乡镇，规划编制要充分发挥县直部门的作用，强化行业主管部门审核把关。县级调查包括两种方式：一是收集各县直部门掌握的资料；二是与各县直部门开展座谈交流。

资料收集的内容见第三章；座谈交流的内容包括了解县域和村庄所在区域的总体情况，对区域和村庄发展的定位、方向及思路。

通过县级调查可以深化对县情和各区域发展阶段、发展水平的认识；了解县域总的发展战略，相关行业和领域的发展方向、发展重点、重大项目和具体政策；听取各部门对村庄所在区域的意见和建议。

42. 乡镇调查

答 　乡镇是村级乡村振兴规划与上位规划的基层融合点，是政策方针最充分有效的衔接关键节点。乡镇调查包括三种方式：一是收集相关资料，二是召开乡镇座谈会，三是开展实地调查。

相关资料包括：镇域总体情况、产业发展格局、镇区村庄体系，以及主要资源和重点项目等；乡镇座谈会包括：了解乡镇的基本情况，听取乡镇党政领导、中层干部及驻村干部对于乡村振兴规划的意见和建议；实地调查是对乡镇发展中的重点项目开展实地查勘。

通过乡镇调查可以了解乡镇的基本情况，了解乡镇政府对乡村振兴规划的想法和建议。

43. 邻近区域调查

答 在村庄发展过程中，势必会与邻近区域产生联系，邻近区域是指与村庄地理位置相邻、资源禀赋和发展现状相近的村。为全面掌握村庄情况，分析村庄与邻近区域构建互相融合、联动发展局面的可行性，可对邻近区域进行调查。

邻近区域调查的对象包括村干部和村民，调查方式以实地调查和座谈访问为主。调查内容包括两个方面：一是从区域层面分析村庄的功能定位，考虑未来区域产业联动发展、设施共建共享的可能性；二是针对掌握的村庄情况，对具体的问题进行实地调查和座谈。

44. 村庄调查

答 村庄调查是现场调查工作的重中之重，只有对村庄展开全面深入、细致科学的调查，才能真正掌握村庄的情况，制定出真正能解决问题的规划。村庄调查的对象包括村干部、村民组织、经营主体、乡贤耆老、普通村民和弱势群体等，对村庄不同身份的村民进行全面调查。

调查方式一般包括实地调查、座谈访问、收集资料和问卷调查等。实地调查是对村庄产业发展、乡村建设等方面现状存在的问题、已经建成设施的效果进行实地走访，需在村干部的指引下，对村庄进行全面细致的了解。座谈访问是通过与村干部、村民代表、经营主体进行座谈，了解村庄的基本情况，村民对村庄未来的计划打算。收集资料一般通过村干部收集村庄的基本信息，人口、经济、产业等统计信息，已建项目和已编规划资料等。问卷调查通过村干部配合填写，是获得村庄的基本情况、存在的问题、发展愿景的第一手资料。

村庄调查是本章的主要内容，详见本章其他内容。

45. 调查内容

答 调查内容应与乡村振兴战略的要求保持一致，包括基本情况、产业发展、村庄建设、社会治理、人才建设、发展能力等五个方面。其中，基本情况调查对象除了村庄之外，还应了解村庄与县域和区域的关系；产业发展、村庄建设应重点调查村庄的基本情况；社会治理和人才建设重点关注县级政府的相关要求；发展能力调查村民个体的能力和意识。

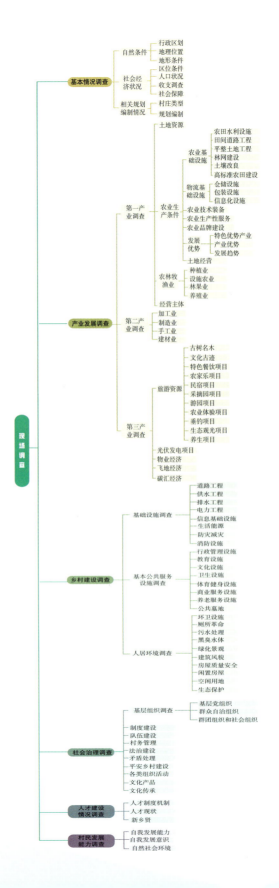

46. 基本情况调查

答 基本情况调查包括自然条件、社会经济状况和相关规划编制情况三个方面。其中，自然条件包括行政区划、地理位置、地形条件；社会经济状况包括区位条件、人口状况、收支情况和社会保障；相关规划编制情况包括村庄类型和规划编制。基本情况调查的目的是从宏观层面全面了解村庄的现状和问题，为规划提供基础。

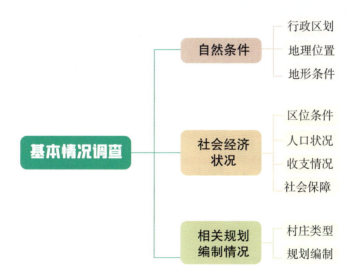

47. 行政区划

答 行政区划是国家为便于行政管理而分级划分的区域。乡村振兴规划编制中，要了解村庄所在区（县）在全省、村庄所在乡镇在全县、村庄在该乡镇，以及村庄内部村民小组等四个层级的行政区划关系。

其中，前三个关系所需相关资料可从县级和乡镇政府自然资源与规划主管部门收集的国土空间总体规划、乡村振兴战略规划等上位规划，从县级政府民政部门收集全县行政区划图等渠道获取，并附行政区划位置图。

村庄内部主要了解各村民小组的人口、数量、界限、范围和空间布局，在影像图上标注村组界限，绘制村庄内部行政区划图。

通过调查行政区划，可进一步明确村庄上级行政主管机构，分析村庄所在区域的经济社会发展整体情况，了解区域经济板块、地理空间，对区县、乡镇总体发展情况建立全局认识。

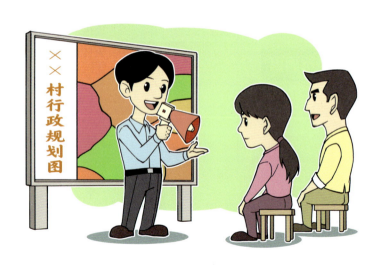

48. 地理位置

答 地理位置指的是村庄所在的空间位置，包括绝对地理位置和相对地理位置。其中，绝对位置用经纬度标示，用于分析村庄所处的气候带，了解区域的降水和温度情况，进而分析区域农业发展基础；相对位置主要指与周边重要地理事物的空间关系，与区位条件一起，用于分析村庄所处的发展区域、交通条件、资源禀赋等信息，以明确村庄定位与发展方向。

村庄地理位置可通过查阅相关资料、查询导航软件获取。

49. 地形条件

答 地形条件包括村庄的地形分布和地势起伏。地形一般包括山地、丘陵、高原、平原、盆地等五类；地势是指地表高低起伏趋势，一般用绝对海拔和相对高度来描述。例如：某村地形以平原为主，总体上呈现西北高、东南低，最高处海拔为 234m，高差最大处为 25m。

地形条件可从上位规划、历史资料中提取，也可采用询问村民等方式获取。

通过调查村庄地形条件，可了解村庄的高程、坡度、坡向，分析生态敏感性，识别村庄面临的自然灾害风险，为规划阶段村庄基础设施的布局、生态环境保护提供基础。

50. 区位条件

区位条件指的是村庄自然条件和社会经济状况。其中，自然条件在前面已经涉及，在此不再赘述；社会经济状况包括经济条件、环境条件和社会条件等。

经济条件要了解村庄是否位于城市规划区、集镇郊区，是否靠近产业园区、交通干道，是否为纯农村区域等情况；环境条件主要了解村庄的交通状况，包括公共交通网络、对外交通、交通设施等方面；社会条件要调查周边基础设施和公共服务设施的配套情况，包括与村庄距离最近的城市、集镇、产业园区、交通干道、小学、初中、高中、医院、文体设施、商业设施等情况。

通过综合分析自然条件和社会经济状况调查，得出村庄的区位优势。村庄区位条件可通过查询相关规划资料、结合实地踏勘情况、咨询当地居民等方式获取。调查村庄区位条件的目的是了解村庄周边的交通物流条件和市场需求，为分析村庄的产业发展方向、公共服务设施布局提供依据。

51. 人口状况

答 人口状况是村庄的基本情况之一，包括县域、乡镇人口状况和村庄人口状况两个方面。县域、乡镇人口情况调查包括区域总人口、农村人口、城市人口、区域城镇化率等；村庄人口状况调查是重点，包括人口数量、性别、年龄、文化程度、常住人口和就业状况等，其中就业状况调查村庄就业人口数量、行业和职业分布、就业岗位稳定性、就业满意度等。

县域、乡镇人口状况可以从县统计公报、统计年鉴等资料获取。村庄人口状况以户籍信息为基础，与熟悉村庄情况的村干部、村民座谈，逐户、逐人详细了解。

人口状况调查可以掌握县域和乡镇的经济社会发展水平、资源配置和各类公共服务设施情况；可获取村庄居民数量、结构和分布等方面的信息，为分析村庄基础设施和公共服务设施布局、产业发展和就业机会提供依据。

52. 社会保障

答 社会保障调查可了解本村居民在社会保障方面的需求、现状和问题，为掌握村庄社会保障情况，政府制定社会保障政策提供基础。调查内容包括：县域农村居民社会保障情况；本村社会保障覆盖范围，享受社会保障政策对象，重点关注符合条件的对象是否能按时足额领取补助金或救助金，社会保障制度落实过程中存在的问题等。

社会保障包括医疗保险，养老保险，家庭经济困难、高龄失能人员基本养老服务补贴，农村特困人员救助供养，失能半失能特困人员集中供养和针对大中型水库移民的后期扶持等类型。

社会保障调查以县人社局收集的相关社保资料为基础，与村组干部在逐户人口状况调查中一并完成。

53. 收支调查

答 收支调查是通过调查居民的收入和支出情况，了解和评估居民的收入支出水平，衡量居民的生活质量。通过收集县域农经年报等资料，了解县域、乡镇农村居民的收支及分配情况；通过在村内选取不同收入水平的样本户，了解居民收入结构、支出结构、生产状况、生活水平等情况。

收支调查应遵循国家统计制度，在县农业农村主管部门收集全县农经年报；在村组干部配合下选取合适的样本户开展入户调查；条件允许的情况下，可邀请县乡统计部门配合调查，以便进行同口径对比。

54. 村庄类型

答 村庄类型是根据村庄的不同特征和属性，将村庄划分为不同的类型，以便针对性地推动各类村庄的发展。不同行业对村庄类型的划分有所不同，根据乡村振兴战略规划，村庄类型分为集聚提升类、城郊融合类、特色保护类、搬迁撤并类。

集聚提升类村庄是规模较大的中心村和其他仍将存续的一般村庄；城郊融合类村庄是城市近郊区和县城城关镇所在地的村庄；特色保护类村庄是历史文化名村、传统村落、少数民族特色村寨、特色景观旅游名村等自然历史文化特色资源丰富的村庄；搬迁撤并类村庄是对位于生存条件恶劣、生态环境脆弱、自然灾害频发等地区的村庄，因重大项目建设需要搬迁的村庄，以及人口流失特别严重的村庄。

村庄类型调查以上位规划为基础，结合现场调查情况，对上位规划确定村庄类型进行复核；与县乡规划主管部门进行座谈，了解上位规划对村庄类型划定的原因和理由，初步交流村庄调查的思路和想法。

55. 规划编制

答 随着各地规划编制意识的提高，部分地区村庄或已编制了各类规划，包括村庄规划、乡村旅游规划、产业发展规划，以及其他专项规划；除此之外，村庄获得国家、省级历史文化名村，特色小镇、美丽乡村、民宿特色示范村等称号情况。

应了解村庄已编制规划和各类荣誉的情况，规划的实施效果、编制和实施方面的经验和教训；对于未编制相关规划的村庄，应了解其原因，为规划提供借鉴。

56. 产业发展调查

答 全面调查第一产业、第二产业、第三产业的产业资源，了解三类产业项目的类型、产业组织、产业结构、产业技术、产业规模和效益等产业形态的现状，以及各生产要素的构成，掌握全村经济发展全貌和产业发展趋向，为科学制定产业发展规划提供基础依据。

第一产业调查主要包括：土地资源，农业生产条件，农林牧渔业发展现状调查，经营主体情况。第二产业重点调查加工业、制造业、手工业和建材业等，在实地调查过程中遇到其他第二产业，则结合实际情况进行全面调查，以便于掌握村庄情况，合理利用和开发资源。除第一、二产业以外的其他行业全部归入第三产业，主要包括乡村旅游、光伏发电、物业经济、飞地经济、碳汇经济等。

产业发展调查

第一产业调查
- 农业生产条件
  - 土地资源
  - 农业基础设施
    - 农田水利设施
    - 田间道路工程
    - 平整土地工程
    - 林网建设
    - 土壤改良
    - 高标准农田建设
  - 物流基础设施
    - 仓储设施
    - 包装设施
    - 信息化设施
  - 农业技术装备
  - 农业生产性服务
  - 农业品牌建设
  - 发展优势
    - 特色优势产业
    - 产业优势
    - 发展趋势
- 农林牧渔业
  - 土地经营
  - 种植业
  - 设施农业
  - 林果业
  - 养殖业
- 经营主体

第二产业调查
- 加工业
- 制造业
- 手工业
- 建材业

第三产业调查
- 乡村旅游
  - 古树名木
  - 文化古迹
  - 特色餐饮项目
  - 农家乐项目
  - 民宿项目
  - 采摘园项目
  - 游园项目
  - 农业体验项目
  - 垂钓项目
  - 生态观光项目
  - 养生项目
- 光伏发电项目
- 物业经济
- 飞地经济
- 碳汇经济

57. 第一产业调查

答 第一产业指生产食材、生物材料的产业，包括农业、林业、畜牧业和渔业。第一产业是产业发展的基础，调查内容包括土地资源、农业生产条件、农林牧渔业发展现状和经营主体等四部分。

土地资源是产业发展的基本要素，为农业发展提供生产空间、生长环境，对农业生产效益和持续性至关重要。调查的重点是全面了解村庄土地资源的现状和特点，为土地资源的合理利用和保护提供依据。

农业生产条件是影响农业生产的自然、经济、社会等方面的要素和条件，良好的生产条件对于创造适宜的生产环境、提高农业生产效益具有重要意义。调查的重点是了解农业生产的物质基础和配套服务，以促进农业结构优化、提高农业生产效率。

农林牧渔业是第一产业的主要内容，调查的重点是了解相关产业的基础信息，以优化资源利用，促进相关产业的可持续发展。

经营主体是从事农业生产和经营活动的单位、个人，对农业生产、农产品供应和农村经济发展有着重要作用。调查的重点是了解经营主体的结构和状况，为制定农业发展政策和优化资源配置提供依据。

58. 土地资源

答 土地资源是指在村庄范围内各种用途的土地，分为农用地、建设用地和未利用地三大类。调查内容包括各类土地的位置、面积、利用情况和存在的问题。

土地资源调查程序是：①在县自然资源主管部门收集第三次国土调查成果，通过地理信息系统软件处理各类用地信息；②与村组干部现场查勘，了解各类土地的利用情况（包括位置、面积、利用现状、土地权属），以及存在问题和未来打算；③绘制土地利用现状图。

在土地资源调查中，还应了解本村基本农田的分布情况，包括基本农田的数量、位置、面积、质量、保护情况。

59. 农业生产条件

答 农业生产条件是影响和决定农业生产的各种因素和条件，调查农业基础设施、物流基础设施、农业技术装备、农业生产性服务、农业品牌建设、发展优势和土地经营情况等内容。

其中，农业基础设施是保证农业生产和流通能够在适宜条件下顺利进行的各种具有公共服务职能的设施，是第一产业发展的基础条件。调查内容包括农田水利设施、田间道路工程、平整土地工程、林网建设、土壤改良、高标准农田建设等。

物流基础设施是实现以农业生产为核心的一系列物品从供应地向接受地的实体流动（包括运输、搬运、装卸、包装、加工、仓储及其相关的一切活动）的设施总称。调查内容包括仓储设施、包装设施、信息化设施等。

农业技术装备是应用于农业生产过程中的各种机械、设备和工具，以提高农业生产效率、降低劳动强度的技术装备。

农业生产性服务是为农业生产产前、产中、产后提供的专业化服务和技术。调查内容包括农资供应、土地托管、代耕代种代收、统防统治、干燥储存等情况。

农业品牌建设是全面推进农业高质量发展的重要内容，农业品牌建设贯穿农业全产业链，是助推农业转型升级、提质增效的重要支撑和持久动力。

发展优势是在特定区域中由于自身各种要素的独特性，在经济、技术、人才、产业等方面形成的较强竞争条件。调查内容包括特色优势产业、产业优势、发展趋势。

土地经营情况是对土地资源进行开发、利用和管理的状态和情况，采用转包、转让、出租、股份合作等方式。

60. 农业基础设施

答 农业基础设施的调查目的是了解村庄农业基本生产条件，分析农业生产能力和潜力，为农业技术推广和完善农业基础设施提供基础。

调查范围以村庄本身为主。

调查内容包括农田水利设施、田间道路工程、平整土地工程、林网建设、土壤改良情况、高标准农田建设等。

61. 农田水利设施

答 农田水利设施是改变不利于农业生产的自然条件，为农业高产高效服务的灌溉、排水、除涝，以及防治盐、渍灾害等水利工程技术措施。

调查目的是了解农田水利设施的状况和功能，以及对农业生产的影响。

调查内容包括建设现状和需求调查两部分。建设现状包括建设项目名称、建设位置、建设标准、建设规模、灌溉面积、存在问题等。需求调查包括水利设施的水源问题、对现有设施运行的改建和完善建议等。

62. 田间道路工程

答 田间道路指联系田块、通往田间、为田间货物运输、人工田间作业和收获农产品提供通行功能的道路。

调查目的是了解田间道路的状况和功能，以便于掌握田间道路存在的问题，提出相应的措施，改善耕作条件、提高农产品运输效率、助力农田管理和作业。

田间道路工程调查包括道路建设现状和需求情况。道路建设现状调查包括道路起止地点、长度、路基宽度、路面质量、路网覆盖情况；道路需求情况主要调查现有道路能否满足生产需求、存在的问题和未来的打算。

63. 平整土地工程

答 平整土地工程是指对凸凹不平的土地削高填低，使其成为具有适宜坡度的田面或水平田面，以改善田间灌排条件和耕作条件的工程。

调查目的是了解土地平整度和实施土地平整工程的必要性，以便于提高土地利用效率，优化农田排水条件，提高农业机械化水平。

平整土地工程调查包括土地表面情况、土壤情况、排水情况。其中，土地表面情况调查地面高低起伏、坡度、凹凸不平等；土壤情况调查土质、肥力等；排水情况了解区域内的河流、水渠、排水沟等自然排水系统的情况，以及农田中是否存在积水或排水困难的问题。

64. 林网建设

答 林网建设工程指在路旁、渠、田埂和农田四周，按一定的间距、宽度、结构和走向设计栽植单行或两行以上乔木或灌木树种组成窄林带、小网格形式的农田防护林网，改善农田小气候条件、增强农业生产抗御自然灾害的能力，以获得稳产、高产的一种林业措施。

林网建设一般适用于山地丘陵区、河流湿地区、水土流失严重区、干旱半干旱区、荒漠化地区，调查目的是判断村庄有无建设的必要，了解林网建设在乡村的实施情况和农田安全面临的威胁，为生态保护、农业生产措施提供基础。

林网建设情况调查包括农田基本情况、作物覆盖、自然灾害等。其中，农田基本情况调查农田面积、分布、利用等；作物覆盖情况调查作物种类、植被密度等；自然灾害情况调查洪水、泥石流、干旱情况等。需求情况调查是否有必要建设林网，现有林网防护存在的问题及改进建议。

65. 土壤改良

 土壤改良主要针对土壤贫瘠、盐碱化、酸性或碱性土壤、排水问题、土壤侵蚀、化学物质污染等情形，根据各地的自然条件、经济条件，因地制宜地制定切实可行的规划，逐步实施，以达到有效地改善土壤生产性状和环境条件的目的，包括土壤结构改良、盐碱地改良、酸化土壤改良、土壤科学耕作和治理土壤污染等措施。

调查目的是了解土壤质量、可持续利用潜力等方面的问题，为土地管理、环境保护提供科学依据。

土壤改良调查包括土壤污染、病虫害和植被修复情况。其中，土壤污染调查农业面源污染主要来源及防治，农药减量化、测土配方、废弃物资源化利用等措施采用情况；病虫害情况调查病害或虫害对农作物的影响程度、种类，以及可能导致病虫害发生的土壤条件；植被修复情况调查山林、岸线、田园保护情况。

66. 高标准农田建设

答 高标准农田建设指通过农村土地整治建设形成的集中连片、设施配套、高产稳产、生态良好、抗灾能力强，与现代农业生产和经营方式相适应的基本农田。

调查目的是掌握村庄农田和农业基础设施建设现状，找到农田建设存在的短板和问题，为规划提出优化农田管理、提升农业生产水平的措施提供依据。

高标准农田建设调查包括区域和村庄两个层面。区域层面应掌握全县、乡镇建设高标准农田的指标，建设高标准农田的安排，包括建设目标、建设标准、建设规模等，以确定本村建设高标准农田的任务。村庄层面要了解已建高标准农田情况，包括位置、面积、农田基础设施（农田灌溉、排水、田间道路等）、农田管理措施（施肥、病虫害防治、农作物轮作）等情况；村庄未来可建设高标准农田的位置、分布情况等。

67. 物流基础设施

答 调查目的是了解物流设施状况和能力，为规划提出物流基础设施的建设和完善、优化物流运作、促进村庄农产品流通措施提供基础。

物流基础设施调查分为区域和村庄两个层面。在区域层面，了解各类设施的现状情况，区域层面关于设施布局的总体考虑和实施计划，现有设施能否满足产业发展需求，能否实现资源共享。在村庄层面，调查各类设施的类型、数量、建设规模、功能、分布情况。

68. 仓储设施

仓储设施包括冷库、干库、保鲜库等，这些设施可以为农产品提供储存、保鲜、冷藏等服务，保证农产品的质量和保鲜度。

调查目的是了解村内及周边区域仓储设备和设施，掌握物资储存和管理能力，为规划提升村庄物资储存和管理能力提供依据。

仓储设施调查包括设施基本情况、使用情况和存在问题三个方面。其中，基本情况调查设施类型（如冷库、冷藏车、冷藏柜等）、建设地点、建设规模、存放物资种类和数量、与周边交通、市场，以及农田的距离和便利程度；使用情况调查经济效益（如平均利用率、货物吞吐量、效益指标等）、是否满足物资储存需求；存在问题调查设施使用是否存在问题，能否满足现状和未来发展的需求，能否具备与周边区域共享使用的条件等。

69. 包装设施

包装设施包括包装材料、包装机械等，可以为农产品提供合适的包装服务，以保护农产品、提高农产品的附加值。

调查目的是了解包装设施的现状和能力，评估农产品保鲜、包装能力，为规划提出优化物流系统、提高物流效率的措施提供依据。

包装设施调查包括设施基本情况、服务情况和设施需求三个方面。其中，基本情况调查包装设施的数量、种类和质量；服务情况调查包装服务的效率、质量；设施需求调查现有设施存在的问题，对设施的需求。

70. 信息化设施

答 信息化设施包括物流信息平台、电子商务平台等，对于农村经济发展、就业机会创造、农产品流通与销售、信息化与数字化发展和城乡融合发展具有重要意义。调查目的是了解和评估村庄信息化的现状和潜力，推动数字经济发展，促进农业农村现代化发展转型。

信息化设施调查包括设施基本情况、服务情况和存在的问题三个方面。设施基本情况调查宽带网络覆盖情况，电商平台类型、数量、规模、模式和运营情况。服务情况调查电商配送网络覆盖、配送服务等。存在的问题调查物流和电商服务存在的问题、改进空间，对于发展的诉求等。

71. 农业技术装备

 重点调查农业机械配备情况和使用情况，了解村庄农业机械化水平、技术水平。

农业机械配备情况，主要了解村庄内的农业机械类型、数量。

农业机械使用情况，主要调查机耕面积（由农业机械耕作的耕地面积）、机播面积（使用动力机械驱动播种机、移栽机、水稻插秧机等播种、栽插各种作物的作业面积）、机收面积（使用动力机械收割各种作物的作业面积），了解农业耕作机械使用程度及对生产效率的影响。

存在问题，主要调查农业机械装备是否能满足生产需求，在农机技术、设备维护等方面是否存在问题。

72. 农业生产性服务

 调查目的是了解农业生产状况、发现存在的问题，为规划提出优化资源配置、推动农业可持续发展的措施提供依据。

调查内容包括现状情况即服务组织、服务主体、服务领域和范围；覆盖情况即能否覆盖生产产前、产中、产后全过程，是否服务充分，服务效果是否能适应市场需求；服务业存在问题等。

农资供应调查农资供应商的数量和类型，包括农药、化肥、种子、农具等，以及农资供应商的质量控制、物资种类及规格、价格等信息。

土地托管调查农民出租或托管土地的情况，包括土地面积、出租方式、租金水平等，了解土地托管合同的签订情况、权益保障等方面的情况。

代耕代种代收调查农民是否存在委托他人代为耕种、种植和收割作物的情况，了解代耕代种代收的服务供应商数量、服务范围、服务质量等相关信息。

统防统治调查农村是否实行统一的病虫害防治措施，如统一购买农药、统一组织病虫害监测和防治等，了解农民对于统防统治措施的认知程度、参与度和效果评价情况。

干燥储存调查村庄是否配备了干燥设施，包括太阳能干燥机、风力干燥机等，了解农民对于干燥设施的使用情况、效果评价和储存管理措施。

73. 农业品牌建设

调查目的是了解不同农产品品牌的特点和竞争态势，掌握农产品市场化、品牌化情况，为规划能提出提高农产品附加值和竞争力的措施奠定基础。

　　农业品牌建设调查包括区域和村庄两个方面。在区域层面，调查已经注册的农业品牌，包括品牌名称、产品种类、绿色产品和品牌经济效益情况，分析村庄农业品牌建设与区域农业品牌联动发展的可能性和可行性。在村庄层面调查已有品牌情况及存在的问题，了解已有品牌的建设情况、品牌定位、竞品情况，分析品牌存在的问题，包括知名度、竞争优势、渠道建设、市场需求等方面。

74. 发展优势

　调查的目的是合理利用和发展自身的优势，寻求经济增长、社会发展的重要机遇。

　　发展优势调查包括特色优势产业、产业优势、发展趋势。

75. 特色优势产业

　特色优势产业是在某一地区内由于自然条件、资源禀赋、技术积累、市场需求等因素的独特性和优势，所形成的具有明显特色和竞争力的产业。

　　调查目的是了解区域特色的具有核心市场竞争力的产业或产业集群。

　　调查内容包括每个产业的品牌形象、技术特点、外观特点、客户服务、特殊原料、传统秘方、历史文化、自然特点、经销网络、经济收益及其他方面的独特性、政策支持等。

76. 产业优势

答 产业优势是在农业方面形成的优势产品或品牌,包括优势农作物、重要农产品、特色农产品、农业品牌和地理标志产品等五个方面。

调查目的是深入了解和评估村庄所具备的特定产业方面的优势,以便于提出更符合村情的产业发展策略。

产业优势调查包括区域和村庄两个层面。区域层面调查优势产业和适宜的农产品,包括类型、位置、规模、品质,市场需求、产业链条和产业发展环境等方面。掌握区域产业优势情况后,对村庄优势产业进行调查,还应调查村庄与区域产业联动发展的情况。

77. 发展趋势

发展趋势是对产业发展现状和未来发展方向进行系统性研究和评估。

调查目的是了解村庄和区域目前的产业结构、经济特点、市场需求等，同时预测未来的发展趋势和方向。

发展趋势调查包括产业结构、人力资源、政策环境等方面。产业结构调查主导产业和第一、二、三产业情况，分析其优势和劣势；人力资源调查区域劳动力资源和人才储备情况；政策环境评估扶持政策、补贴政策、税收政策等方面。

78. 土地经营

调查目的是掌握村庄土地的使用情况、经营方式和管理状况，优化土地资源配置，提高农业生产效益。调查范围为全村土地。

土地经营情况调查包括经营方式、规模和生产方式。其中，经营方式、规模调查土地权属和流转情况，不同经营方式土地的位置、规模等；生产方式调查村庄不同生产方式的分布情况，包括传统农业、现代农业、生态农业、有机农业等。

转包是指承包人把自己承包的土地的部分或全部，以一定的条件发包给第三者，由第二份合同的承包人向第一份合同的承包人履行，再由第一份合同的承包人向原发包人履行合同的行为。

转让是指土地所有权或使用权有偿或无偿地由甲转给乙的行为。

出租是指农民将其承包土地经营权出租给大户、业主或企业法人等承租方，出租的期限和租金支付方式由双方自行约定，承租方获得一定期限的土地经营权，出租方按年度以实物或货币的形式获得土地经营权租金。

股份合作是指农户以土地经营权为股份共同组建合作社，村里按照"群众自愿、土地入股、集约经营、收益分红、利益保障"的原则，引导农户以土地承包经营权入股。

79. 农林牧渔业

答 农林牧渔业重点调查种植业、设施农业、林果业、养殖业等内容。调查目的是掌握村庄的资源禀赋，以便于制定合适的发展策略，优化村庄资源配置、促进农业现代化发展。农林牧渔业发展调查主要包括各产业的生产、经营状况，存在的问题和未来发展愿景等。

80. 种植业

答 种植业包括粮食作物和经济作物等。调查目的是了解农业生产状况，评估农田利用效率和农产品供应情况，发现种植业存在的问题，为规划提出优化农业服务、促进农业增收相应措施提供基础。

种植业调查包括种植作物、种植技术、市场销售和政策扶持情况。种植作物调查粮食作物和经济作物种类、位置、规模、产量。种植技术调查病虫害防治、农药化肥使用情况。市场销售调查销售渠道、价格和种植收益情况。政策扶持情况调查农民对财政补贴、种子优惠、农资补助等政策的知晓程度和满意度。

81. 设施农业

设施农业是一种利用先进设备和技术手段来改善农业生产环境和提高农产品质量、产量的农业形式，通过建设温室、大棚、水肥一体化系统等设施，为农作物提供适宜的生长环境，从而实现农业生产的规模化、精细化和高效化。调查目的是了解村庄农业现代化的发展情况。

设施农业调查包括基本情况、使用情况和效益情况。基本情况调查大棚数量、规模、类型、位置、设施和设备；使用情况调查大棚是否闲置或废弃、主要农作物种类和数量、技术和管理措施；效益情况调查经济效益、市场销售、经营主体和利益分享机制。

82. 林果业

林果业指除了耕地、草地、河流以外所有的荒山和植被，包括树林、园林、果木、花卉产业等。调查目的是了解林果业的现状情况，评估产量和质量，分析其经济效益，找到林果业存在的问题。

林果业调查包括种植情况和产业链延伸两个方面。种植情况调查种植品种、面积、品质、产量、技术和管理情况；产业链延伸调查人力资源、加工业、供应链、冷链和市场销售情况。

83. 养殖业

答 养殖业是第一产业的重要组成，包括家禽养殖和水产养殖调查两部分。家畜养殖包括猪、牛、羊、马、骆驼、家兔等养殖，水产养殖是指捕捞和养殖鱼类和其他水生动物及海藻类等水生植物以取得水产品。调查目的是了解养殖业现状、特点和问题，分析养殖业的经济效益、技术水平和管理情况。

养殖业调查包括养殖情况、安全环境情况和政策情况。养殖情况调查种类、规模、数量、方式、经济效益；安全环境情况调查废弃物处理方式、动物疾病防治措施和对周边环境影响；政策情况调查政府对养殖的限制、鼓励措施，市场准入和质量认证标准。

84. 经营主体

答 经营主体包括家庭农场、种植大户、专业合作社、龙头企业和普通农户等，发展壮大农村经营主体，能增强农业农村发展新动能，促进城乡区域协调发展。调查目的是了解农村土地的使用和经营情况，深入了解农民、专业合作社、农业企业等不同主体在土地经营中的角色和作用。

经营主体调查内容包括了解各类经营主体的数量、类型、经营范围、地点、规模、人员、资金和销售情况等，掌握各主体生产经营中存在的问题，对于未来的发展计划和愿景。对于农户，还应重点调查其与各类经营主体间的利益联结机制。

家庭农场是指以家庭成员为主要劳动力，从事农业规模化、集约化、商品化生产经营，并以农业收入为家庭主要收入来源的农业经营主。

种植大户一般指在北方地区拥有 100 亩以上耕地的农户统计为种粮大户，南方则以 30 亩为标准。

专业合作社是以农村家庭承包经营为基础，通过提供农产品的销售、加工、运输、贮藏，以及与农业生产经营有关的技术、信息等服务来实现成员互助目的的组织，从成立开始就具有经济互助性。

龙头企业是指在某个行业中，对同行业的其他企业具有很深的影响、号召力和一定的示范、引导作用，并对该地区、该行业或者国家做出突出贡献的企业。

对于普通农户，应重点了解利益联结机制情况。

85. 第二产业调查

答 第二产业是村庄产业发展的重点，包括加工业、制造业、手工业和建材业等，是农村经济结构中的重要组成部分。对村庄第二产业进行调查，可以了解村庄经济结构，了解不同类型企业的问题和潜力，分析村庄的发展机会，为规划提出推动农村产业转型升级提供基础。主要通过与政府主管部门、村干部、企业经营主体座谈、实地踏勘等方式掌握相关情况。

86. 加工业

答 加工业包括特色农产品加工和食品加工，调查内容包括项目名称、建设地点，建设规模、生产规模、销售对象、销售范围、吸纳就业人数、经济效益等。

87. 制造业

答 制造业是以农村集体所有制工业的一种形式，包括农副产品加工、建筑、采矿、农机具制造与修理等生产经营活动。调查内容与加工业相同。

88. 手工业

答 手工业是指使用简单工具，依靠手工劳动，从事小规模生产的工业。调查内容在加工业基础上，还可了解手工业中的传统技艺和工艺传承情况。

89. 建材业

答 建材产品包括建筑材料及制品、非金属矿及制品、无机非金属新材料三大门类。调查内容在加工业基础上，还应掌握建材制造对环境的影响、环保建材情况和节能减排情况等。

90. 第三产业调查

 凡是不属于第一、二产业的均作为第三产业范围进行调查。乡村第三产业主要包括乡村旅游、光伏发电、物业经济、飞地经济、碳汇经济等。

重点了解村庄及周边区域第三产业项目有哪些、了解建设现状、服务质量、文化特色、生态环境和市场需求等，便于制定相应的发展策略。

乡村旅游，是以乡村良好的自然风光和人文资源为特色，以观光、休闲、游憩、餐饮、体验为方式的产业形态。乡村旅游类型较多，重点针对特色餐饮、农家乐、民宿、采摘园、乡村游园、农业体验、垂钓、生态观光休闲和养生等类型，调查发展现状。

随着经济社会的发展，乡村地区会不断出现更多的新业态、新模式，包括光伏发电、物业经济、飞地经济、碳汇经济等。具体工作中，应针对不同村庄的实际情况，要对村庄出现的新业态进行针对性调查，掌握乡村经济结构和特色，了解其现状和变化趋势，分析不同业态的发展情况和相互关系，为全面了解、科学规划村庄提供科学依据。

91. 旅游资源

 旅游资源是村庄周边能够引起人们进行审美与游览活动，可以作为开发利用的资源，包括景观资源、文化资源、特色商品和特色美食等。

景观资源包括旅游景区、旅游景点、文化古迹、古树名木、风景名胜、自然风光、红色旅游、乡村自然生态景观、乡村田园景观、乡村遗产与建筑景观等。

文化资源包括民俗风情、传说故事、古建遗迹、名人传记、村规民约、家族族谱、传统技艺、非遗文化、乡村人文活动与民俗文化、乡土文化、乡贤文化、名人轶事、戏曲说唱、神话传说等。

特色商品包括特色种植产品、特色养殖产品、特色食品、特色手工产品等。

特色美食是指有一定历史渊源、流传范围较广的本地食物。

调查目的是发掘村庄独特的魅力和吸引力，评估旅游资源的价值，为旅游资源的开发和利用提供基础。

调查范围包括县域、周边区域和村域。

调查内容主要是了解村庄各项资源名称、地点、特色；区域旅游需求和市场；资源开发潜力及开发情况；村庄与周边旅游景点的联系，旅游资源的竞争优势。

92. 古树名木

答 古树是指树龄在 100 年以上的树木；名木是指具有重要历史、文化、科学、景观价值或者具有重要纪念意义的树木；古树群是指一定区域范围内 10 株以上相对集中生长、形成特定生境的古树群体。

调查内容为古树名木的名称、地点、数量、树龄、生存状况、保护情况、保护措施、周边环境等。

百年古树抢救保护

93. 文化古迹

答 文化古迹指古代时期就已经存在，却未因时间原因消逝，至今仍然存在的典型遗迹，具有一定的文化价值或历史价值，是人们学习历史、了解历史和教育当代人的良好场所。文化古迹包括古民居、古庙、古寺、古塔、古树名木、古井、古道、古墓、磨坊。

调查内容为文化古迹的名称、地点、数量、类型、年代、保护状况、保护级别、保护措施等。

94. 特色餐饮项目

答 特色餐饮是通过即时加工制作、商业销售和服务性劳动于一体，向消费者专门提供各种酒水、食品、消费场所和设施的食品生产经营行业。

调查村庄中的特色餐馆、小吃摊等，了解其菜品种类、口味特点、原材料使用情况、环境设施等。

95. 农家乐项目

答 农家乐是以农户为单元，以农家院、农家饭、农产品等为吸引物，提供农家生活体验服务的经营形态。一般来说，农家乐的业主利用当地的农产品进行加工，满足客人的需要，成本较低，因此消费相对不高。

调查村庄中的农家乐项目，包括农家菜、休闲娱乐设施、农业体验等；了解农家乐的规模、经营方式、提供的服务内容和质量等。

96. 民宿项目

答 民宿是乡村旅游的形式之一，通过融入当地的自然环境和传统文化元素，为游客提供舒适、贴近自然和接触当地文化的住宿体验。一般结合景区、景点设置，对周边自然环境和基础设施水平要求较高，为游客提供体验当地自然、文化与生产生活方式。

调查民宿的种类、数量、房型、装修风格、价格等，了解民宿的设施配套、服务质量和客户评价等。

97. 采摘园项目

答 采摘园是指种植水果或者蔬菜，以集体采摘的经营方式吸引有需求人员来采摘并购买已经采摘的水果或者蔬菜的场所。

主要调查采摘园的种类（如水果、蔬菜等）、开放时间、采摘方式、收费标准等，了解采摘园的规模、种植技术，以及提供的服务和活动。

98. 游园项目

答 乡村游园是通过利用荒坑荒片、闲置空地见缝插绿、增绿提质，为游客和居民提供体验、休闲、度假、观光等功能的场所，以感受乡村生活、农业文化和乡土风情。

调查乡村游园的景点类型、游览线路、开放时间、门票价格等，了解景点的特色、文化内涵和服务设施。

99. 农业体验项目

答 农业体验项目是为游客提供参与农事活动、农产品采摘等活动的旅游项目，包括养殖体验、加工体验和生产体验三类。其中，养殖体验是在休闲农业和乡村旅游畜禽、水产等养殖过程中进行养殖劳动，与动物互动、捕捉活动等；加工体验主要指农副土特产品、乡村作坊、乡村手工艺等的加工活动；生产体验主要指的则是通过在农田中进行耕作、播种、除草、施肥、灌水、防虫、治病等生产劳动体验。

调查农业体验农场或农业基地位置、规模、经营情况，了解体验项目的种类（如种植、养殖、制作等）、时间安排、效益和参与者的体验感受等。

100. 垂钓项目

答 垂钓是使用钓竿、鱼钩、鱼线等工具从江、河、湖、海和水库等处获取鱼类的活动，是一项具有浓厚情趣、老少皆宜的集运动与娱乐，健身与休养，动与静相结合的休闲体育运动和竞技体育运动。休闲渔业是将休闲、娱乐、旅游、餐饮等行业与渔业有机结合为一体，以提高渔业的社会效益、生态效益和经济效益的业态。

调查村庄中提供垂钓服务的水域（如湖泊、河流等）种类、鱼种，以及钓鱼许可证要求、设施、设备情况等。

101. 生态观光项目

答 生态观光休闲是以农业和农村为载体的新型生态旅游业，是乡村旅游的形式之一，包括生态探险、观鸟、森林徒步等多种形式，为人们提供观光、休闲、度假的体验。

调查村庄中生态观光休闲项目的类型，如自然景区、保护区或公园等，了解其生态保护和环境治理情况，以及提供的休闲活动和服务。

102. 养生项目

答 养生是指以乡村田园为生活空间，以农作、农事、农活为生活内容，以农业生产和农村经济发展为生活目标，回归自然、享受生命、修身养性、度假休闲、健康身体、治疗疾病、颐养天年的一种生活方式。乡村养生是乡村旅游的主要形式之一。

调查养生服务机构或场所的位置、占地面积、建筑面积，了解其提供的养生项目、技术手段、服务体系，以及客户的满意度和效果评价等。

103. 光伏发电项目

答 随着我国"双碳"目标持续推进，清洁可再生能源在我国未来能源转型中的作用日益凸显，2023年中央一号文件中的重要部署"推进农村电网巩固提升，发展农村可再生能源"，光伏的发展现状与前景备受重视。调查目的是了解村庄可再生能源推广、经济发展、农村电力供应和政策制定等方面的情况。

调查内容包括光伏发电设施的类型、分布、规模、布局，运行维护状况，电力输送、并网状况，经济效益和回报周期。

104. 物业经济

 物业经济是发展壮大集体经济、实现农村共同富裕、落实乡村振兴战略的有效途径。调查目的是了解村庄经济发展、投资机会，为村庄选择经济发展模式提供更多路径。

调查内容包括物业经济类型、数量和分布，收入来源和利益分享机制，经营情况等。

105. 飞地经济

答 飞地经济是在经济社会发展过程中出现的新业态，特点是打破原有行政区划限制，通过跨空间的行政管理和经济开发，实现两地资源互补、经济协调发展的一种区域经济合作模式。调查目的是了解经济发展、投资环境、产业升级、政策制定和区域协作等方面的情况，为促进飞地经济发展、吸引投资和推动区域协同发展提供依据。

调查内容包括项目的位置、类型、规模，对居民生活带来的影响，社会参与情况和利益分享机制。

106. 碳汇经济

答 碳汇经济是指在乡村地区利用自然生态系统（如森林、湿地、农田等）吸收和储存二氧化碳，以减少温室气体排放并促进可持续发展的经济活动。它通过保护、恢复和管理乡村生态系统，增加碳汇量，同时创造社会效益和经济效益。调查目的是了解碳减排潜力、资源管理与保护、经济发展机会、政策制定和教育宣传等方面的情况，为推动低碳经济发展、保护环境和改善居民生活提供依据。

调查内容包括县域和村庄两个层面。其中，县域层面调查政府对碳汇经济的总体安排，包括出台的文件、机制，了解县域碳市场的需求。村庄层面调查乡村生态系统碳储量，调查碳汇项目对村庄生态环境和社会经济的影响。

107. 乡村建设

答 乡村建设是实施乡村振兴战略的重要任务，也是国家现代化建设的重要内容。2022年5月，中央办公厅、国务院办公厅印发《乡村建设行动实施方案》，明确了乡村建设的重点任务。根据该方案，规划实践中应围绕着完善基础设施、提升基本公共服务设施和改善人居环境三方面开展调查和规划。调查目的是掌握村庄各类设施的现状、问题和需求。

基础设施调查内容包括道路、供水、排水、电力、信息、生活能源、防灾减灾、消防等农村重点领域基础设施建设。基本公共服务设施，从保障村民生存需要、满足村民基本尊严和基本能力、满足基本健康需要的角度，调查行政管理、教育、文化、卫生、体育健身、商业服务、养老服务、公共墓地等设施建设情况。人居环境调查环卫设施、厕所革命、污水处理、黑臭水体、绿化景观、建筑风貌、房屋质量安全、闲置房屋、空闲用地、生态保护等内容。

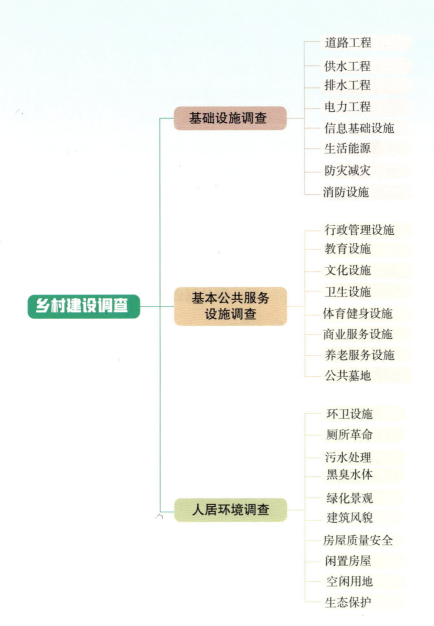

108. 道路工程

答 道路工程是连接村庄内部村组和周边地区的道路网络，包括道路、停车场、公交站点等设施。

道路分为主要道路、次要道路、宅间道路等。主要道路为与点外道路连接的村内主要道路，次要道路为村内各区域与主要道路的连接道路，宅间道路为村民宅前屋后与次要道路的连接道路。主要了解道路覆盖情况，调查道路等级、道路宽度、路面硬化、出行是否方便、出行是否安全、道路建设是否满足通村入户需求及存在问题，为规划确定需要拓宽、新（改）建、硬化提供依据。

停车场，主要调查村庄已建停车场的数量、分布、停车位数量、配套设施（如监控系统、充电桩、无障碍设施等）和停车场使用情况。

公交站点，主要了解调查村庄站点建设数量、建设位置、配套设施（候车亭、广告牌等）、服务范围，了解公交线路的运营时间、车次间隔、平均载客量、实时公交信息等线路运营情况信息。

109. 供水工程

给水工程指为满足农村地区居民的饮用水、生活用水等需求而建设和运营的供水系统，包括水源工程、管网建设、运行维护等。

水源工程，主要调查供水方式（包括自来水管网、水井、泵站等）、水源点位置、水源保护措施、供水范围、水量情况、水质状况、净化消毒设施设备、水质检测监测情况等。

管网建设，主要了解现有供水管道的干支管位置、管材、管径及存在问题。

运行维护，主要了解供水设施的日常维护保养、巡查检修频率、故障处理、经费来源等维护与管理情况及存在问题。

110. 排水工程

排水工程指村庄用于处理雨水的设施和设备。
调查内容包括现状排水方式、排水设施（如排水管道、沟渠、泵站等）、分布、规格尺寸、排水能力、设施运行维护情况，以及存在问题。

111. 电力工程

 电力工程指村庄用于生产、传输和分配电能的设施。

调查重点了解村庄电力保障水平，包括是否完成了新一轮农网改造升级、10kV 配电变压器位置、型号、容量、台区范围、电力线路及路灯建设状况，了解村庄用电负荷、供电可靠性、稳定性和电力故障情况。

112. 信息基础设施

 信息基础设施是指村庄用于信息处理、存储、传输和交互的各种硬件、软件、网络、通信设施，以及广播电视。

调查内容包括农村光纤网络、移动通信网络、广播电视等情况。

农村光纤网络，了解光纤传输线路铺设情况。

移动通信网络，了解调查村庄通信网络类型（固定电话网络、移动通信网络、宽带互联网等）、网络覆盖范围、村内通信设施和设备（如基站）建设、网络稳定性情况。

广播电视，了解广播电台的覆盖范围、村内信号强度和清晰度、电视信号的接收方式、用户接收听广播电台和电视节目的设备类型，以及可能存在的盲区等。

113. 生活能源

答 生活能源是指满足村庄居民日常生活所需的能源，包括供电、照明、烹饪、供暖、通风等方面的能源需求。

调查内容包括能源需求，户均用电量、燃料消耗量；能源来源，如是否依赖传统能源如煤炭、柴火等，或者是否采用可再生能源如太阳能、风能等；能源供应，如电力供应是否稳定可靠，燃料供应是否充足；清洁能源，如太阳能发电系统、生物质能源使用程度。

114. 防灾减灾

 防灾减灾设施是指在村庄或区域用于减少自然灾害对人员、财产和环境造成的影响，保护居民生命安全和财产安全的设施、措施。分县域和村庄两个层面开展调查。

县域层面，主要了解县域自然灾害类型（崩塌、滑坡、泥石流、地面塌陷、地面沉降、洪涝、采空区、地震断裂带等）、频率，防灾减灾工作要求。

村庄层面，主要调查村域自然灾害类型、位置、影响情况，防灾减灾设施建设情况，避灾场所位置、容量和设施配置，应急预案，知识普及和培训情况，村民参与意识等。

115. 消防设施

答 消防设施是指在村庄或区域用于预防和应对火灾的设施、措施。

主要了解村庄周边及内部是否有足够的消防水源，如水塘、水库、水井等，以及水源的存储容量和供应能力；了解村庄道路消防车通行能力（主要道路宽度是否达到 4 米以上）；了解消防水池、室外消火栓、微型消防站等消防设备的数量、位置；了解周边消防队伍配置和能力，能否满足村庄消防应急需求。

116. 行政管理设施

答 村庄行政管理设施是开展村庄内部公共事务进行管理社会活动的场所，包括村委会、村级公共服务中心和村（社区）便民服务中心。

主要了解组织结构和人员配置情况，包括主要职能部门和岗位设置、人员数量、工作层级及在行政管理、公共服务、社会管理等方面的职能和责任；了解办公楼、会议室、设备设施情况，包括占地面积、建筑面积、房屋质量和是否满足工作需求；了解村庄行政管理人员的专业素质和服务态度，听取居民对服务质量的评价和意见。

117. 教育设施

 教育设施是指在乡村地区为满足当地居民教育需求而建立的各类教育场所和配套设备。包括托儿所、幼儿园、小学等。

主要了解村庄内各类设施的名称、建设地点、占地面积、建筑面积、配置，以及学生来源及规模、师资力量、学校现状和存在的问题等。

118. 文化设施

 文化设施是指为满足农村居民文化需求的场所和设施，包括村庄文化站、农家书屋、文化礼堂、文化广场、村史馆。

村庄文化站是向村民进行宣传教育，研究文化活动规律，创作文艺作品，组织、辅导群众开展文体活动，普及科学文化知识，并提供活动场所，是公共文化服务体系的重要工程之一，是精神文明建设的重要窗口。

农家书屋是为满足农民文化需要，在行政村建立的、农民自己管理的、能提供农民实用的书报刊和音像电子产品阅读视听条件的公益性文化服务设施。

文化礼堂是在农村地区建设的基层文化平台，依托农村文化礼堂和农村"文化大使"，通过寓庄于谐、寓教于乐"接地气"的文化浸润活动，将文明之风播进农民心田。

文化广场是指以含有较多文化内涵为主要建筑特色的较大型的场地，为村民提供休闲娱乐的公共空间与文化活动的场所。

村史馆是介绍本村概况和村落起源与发展的资料陈列馆。

主要调查建设地点、建设时间、建设规模、配套设备、服务对象、服务范围、运行维护、存在问题等。

119. 卫生设施

 卫生设施是指设在农村地区的基层医疗卫生机构，主要提供基本的医疗和卫生服务。

重点调查村卫生室的建设状况，包括建设地点、建设时间、建筑规模、服务范围、医务人员配置及待遇、医疗设施配置、村民就医情况、能否满足村民就医需要、存在问题等。

120. 体育健身设施

答 体育健身设施是指向公众开放用于开展体育健身活动的体育健身场（馆）、中心、场地、设备（器材），村庄体育健身设施包括运动场地和健身器材。

主要调查场地位置、面积、健身设施的种类及数量、配套设施、设施使用情况、设施运行维护、存在问题等。

121. 商业服务设施

答 商业服务设施是指从事各类商业销售活动及容纳餐饮、旅馆业等各类活动的设施，包括快递物流综合服务站、银行、信用社、杂货店、超市、便利店、农村集市、乡村菜市场、农资配送站和电子商务设施等。

重点调查设施类型、地点、面积、规模、开放时间和营业方式，能否满足生活需要、存在问题等。

122. 养老服务设施

答 养老服务设施是指为老年人提供必要的生活服务，满足其物质生活和精神生活的基本需求的设施。主要包括养老院、日间照料中心和残疾人康复中心。

养老院指具备综合养老服务能力，在为区域内特困人员提供集中供养服务的基础上，为周边老年人提供社会化养老服务和社区居家养老服务的农村养老机构。

日间照料中心是为社区内自理老年人、半自理老年人提供膳食供应、个人照料、保健康复、精神文化、休闲娱乐、教育咨询等日间服务的养老服务设施。

残疾人康复中心是为乡村地区残疾人提供康复治疗、康复训练、康复辅助起居、职业培训等服务的社会服务机构。

养老服务设施调查分县域和村庄两个层面。

县级层面，主要了解县乡范围内现有养老服务设施的分布及建设规模。

村庄层面，主要调查村庄内老年人群体特点和需求，各类养老服务设施的建设位置，占地面积、建筑面积，服务项目和质量，人员配置，费用支付、是否能满足当地养老需求、养老服务设施的发展计划，存在问题等。

123. 公共墓地

 公共墓地是指为乡村地区居民提供安葬服务的场所，建设公共墓地可以满足当地居民的丧葬需求，方便家属进行祭扫和守墓活动。

主要调查是否建有公共墓地，墓地的位置、规模、配套设施、设备情况、运行管理情况、能否满足村民丧葬需求等。

124. 环卫设施

 环卫设施是为维护村庄环境卫生和提供公共卫生服务修建的设施和配置的设备。

调查内容为：

一是了解村内生活垃圾收运和处理方式。

二是了解村内垃圾分类、回收和处理设施的建设情况。包括垃圾收集点、垃圾桶或容器的数量及分布情况，是否满足需求，了解村庄居民对垃圾分类的认知程度和垃圾分类实施进展。

125. 厕所革命

 厕所革命是以改善卫生环境和生活品质为目的，提供清洁、卫生和便利的厕所设施，以解决农村地区公共厕所不足、卫生状况不佳等问题。

调查内容包括：一是村内公共厕所数量、建设位置、规模、排污处理情况、服务范围及存在问题；二是户厕的类型、卫生厕所的普及率。

126. 污水处理

 污水处理指对村庄中产生的废水进行处理和净化，以达到排放标准或安全回用目的。

调查内容包括现有污水收集和处理方式，污水处理设施的位置和规模、污水管道建设情况、覆盖范围、处理效果、设施运行维护情况及存在问题。

127. 黑臭水体

黑臭水体是有机物和富营养化物质积累、底泥富含有机物、缺氧等，导致水体出现黑色、异味和恶臭的现象，通常出现在河流、湖泊、水库等水体中。通过调查黑臭水体可以全面了解村庄的水体质量、污染源分布、分析治理需求，为实施针对性的治理措施提供依据。

调查包括了解村庄及周边河流、湖泊、水库等水资源的名称、容量、位置和利用情况，是否纳入水美乡村建设试点，是否存在黑臭水体，黑臭水体的位置、面积、污染类型和程度、污染源和数量、水体动态、水体周边环境。

128. 绿化景观

绿化景观指在村庄及其周边地区进行植被覆盖和景观设计，以提升生态环境质量、提高居民生活质量和优化村庄环境的绿化区域。

调查包括，一是村庄周边荒山荒地荒滩绿化，农田（牧场）防护林建设；二是村庄公共空间绿化，包括道路、街巷、公园、广场和公共绿地；三是农户庭院的房前屋后绿化。

129. 建筑风貌

 建筑风貌是建筑与建筑群在形态、结构、工艺、色彩等方面的视觉特征和审美意象。

调查包括建筑层数、类型、风格、色彩等情况，以及存在问题（如风貌杂乱、特色不突出等），保护与改造情况等。

130. 房屋质量安全

答 房屋质量安全指在村庄或农村地区中，房屋的建筑结构、使用状态和周边环境等方面符合安全标准和要求，能够保障居民生命财产安全的状态。

调查包括在县域层面了解乡村地区危房改造情况、地震烈度设防地区农房抗震改造。在村庄层面调查村内房屋结构和建筑质量，是否还有未改造的危房、未完成的抗震改造，了解其数量、分布、面积和房屋质量情况。

131. 闲置房屋

答 闲置房屋通常指在村庄或农村地区中，没有被居民居住或使用的空置房屋，通过调查可以了解可利用的房屋情况，为改善居住条件、优化资产管理提供基础。

主要调查闲置房屋的地点、建筑结构类型（如平房、楼房）、建筑年代、房屋面积等基本信息，了解房屋闲置的原因、目前使用状态和功能状况、所有权归属情况，农户和村里对闲置房屋的打算。

132. 空闲用地

答 空闲用地是村庄内有一定规模且暂时未有效利用的土地，包括闲置宅基地、一户多宅、多户一宅、分户需求、空闲地和建设用地违法占用耕地等情况。

调查包括空闲用地的位置、面积、权属、利用历史、是否纳入土地规划、村民的意见和需求情况。

133. 生态保护

 生态保护指在村庄或农村地区中采取措施，以维护和改善生态环境、保护自然资源、促进可持续发展的行为。调查内容包括：

一是全面了解村庄内私搭乱建、乱堆乱放、乱倒乱排、残垣断壁、户外广告和电力通信广播电视线路的乱拉乱建问题。

二是了解地膜在农田中的使用情况、回收处理情况，收集地膜使用面积、农民对地膜回收的认知程度、相关政策的执行情况等信息。

三是了解农作物种植面积、秸秆产量、处理方式，包括是否采取综合利用、还田、堆肥等措施，农民对秸秆利用的认知程度等。

134. 社会治理调查

 2019 年 3 月 19 日，习近平总书记主持召开中央全面深化改革委员会第七次会议，通过《关于加强和改进乡村治理的指导意见》，强调加强和改进乡村治理，要建立健全党委领导、政府负责、社会协同、公众参与、法治保障的现代乡村社会治理体制，抓实建强基层党组织，整顿软弱涣散的村党组织，选好配强农村党组织带头人，深化村民自治实践，发挥农民在乡村治理中的主体作用，传承发展农村优秀传统文化。

因此，社会治理调查围绕着自治、法治、德治等方面进行。主要包括基层组织调查、制度建设、队伍建设、村务管理、法治建设、矛盾处理、平安乡村建设、各类活动组织、文化产品和文化传承等调查内容。

```
                                ┌─ 基层党组织
                    基层组织调查 ─┼─ 群众自治组织
                                └─ 群团组织和社会组织

                    制度建设

                    队伍建设

                    村务管理

    社会治理调查 ─── 法治建设

                    矛盾处理

                    平安乡村建设

                    各类组织活动

                    文化产品

                    文化传承
```

135. 基层组织调查

 基层组织是在农村地区有村民组成的、代表和管理村民利益的组织形式，是农村社会治理的基础单位。农村基层组织包括党组织、群众自治组织、群团组织和社会组织四类。

主要调查包括各类组织的人员、数量、职能、发挥的作用和存在的问题。

136. 基层党组织

基层党组织是确保党的路线方针政策和决策部署贯彻落实的基础，也是农村各项工作的领导核心。

主要了解党员数量、年龄结构、文化程度、性别比例及党员队伍培养教育情况，了解组织活动开展情况，了解党建带头人在党建工作中的履职情况，了解党组织在村庄发展和社会治理方面的工作成果，党员的参与度和作用发挥情况。

137. 群众自治组织

答 群众自治组织是农民群众行使民主权力、管理村社会公共事务的基层民主形式，具有直接民主和群众自治的特点，其中具有法律地位的有村委会和监委会。

调查内容主要是：了解各组织的组织架构和人员配置情况，了解各组织的职责和权力范围，了解各组织的工作覆盖面和实际效果，了解各组织的组织建设和能力建设情况。

138. 群团组织和社会组织

答 群团组织是乡村基层治理的重要补充力量，以工会、共青团、妇联为代表的群团组织具有体制的身份，又有社会属性，在密切联系群众、有效整合资源、促进乡村振兴方面具有不可替代的作用。

调查内容主要是：了解村庄社会组织的类型和性质，了解各组织的成员，了解各类组织的活动开展，了解各类组织的资金来源和使用，了解各类组织与其他村庄组织的合作关系和交流情况。

139. 制度建设

 制度建设是指在农村地区进行的一系列法律、规章和制度等方面的改革和建设活动，旨在促进农村社会管理和治理能力的提升，推动农村经济社会的发展和进步。

主要了解村庄各类规章制度和村规民约的制定及执行情况，包括村务公开、选举、任期、法律咨询和纠纷解决机制等。

140. 队伍建设

 队伍建设是指在农村地区对村级干部和村民代表等队伍进行培养、选拔、管理和发展的一系列工作，旨在提高村庄干部和村民代表的素质和能力，推动农村治理能力的提升和村庄经济社会的发展。

调查主要包括：

干部队伍方面，了解村庄干部总数、年龄结构、性别、学历水平、专业背景、工作经验、能力素质、培训情况。

青年后备干部方面，了解村庄后备干部选拔范围、培养方式，以及在青年农民特别是致富能手、农村外出务工经商人员中发展党员力度等。

干部培训和激励情况，了解村庄干部培训形式、培训内容、培训效果，对村干部的激励政策、激励方式和激励对象。

141. 村务管理

答 村务管理是指对村庄内各项事务进行组织、协调和管理的工作。

调查包括：了解村庄事务的决策方式和程序，如集体讨论、村民代表大会、村民议事会等形式。

了解村庄在财务、土地使用、项目资金等方面的公开透明程度，如财务报表、资金使用情况是否向村民公开。了解村庄内对财务管理的监督机制，包括村民参与的方式和效果。

了解村内信息传递和沟通的透明度，如村民对事务进展和决策过程的了解程度；村民对自治事务的参与意愿和态度；了解村民在决策过程中的参与程度，如是否有发言权、表决权和意见反馈渠道等；了解村民在参与自治事务方面的能力和资源情况，是否有必要提供相关培训和支持。

了解村民对村务管理工作的满意度、意见和建议。

142. 法治建设

答 法治建设是指在农村地区推进法治的过程和工作，旨在依法治理农村社会，促进农村经济社会发展，保障农民合法权益，提高农村社会管理和公共服务水平，构建法治稳定、和谐的农村社会。

主要了解村庄是否建立了法律服务中心、法律援助机构等法律服务设施，如法律咨询中心、法律援助机构、人民调解组织等，以及其提供的服务范围和效果；了解村庄开展法律宣传教育的形式和内容，如宣传途径、教育活动的参与程度和效果；了解村民对法律的熟悉程度。

143. 矛盾处理

答 村庄矛盾纠纷涉及土地承包、农田水利、村庄建设、邻里关系、环境保护等各个方面，矛盾纠纷处理就在针对这些方面的矛盾、纠纷进行调解、协调和解决的过程。

调查内容主要是：了解村内常见的矛盾纠纷类型；村内负责矛盾纠纷处理的机构，如村委会、人民调解组织等，并了解其工作人员数量、资质和经验情况；了解村庄针对纠纷解决是否建立了有效的机制，如调解委员会、仲裁机构等；了解村庄内矛盾纠纷的解决方式和程序，包括调解协商、人民调解、法律诉讼等；了解村庄内是否提供专业的矛盾纠纷处理支持，如法律援助、调解员培训等；调查村庄开展的矛盾纠纷处理宣传教育活动，如宣传形式、内容和覆盖范围；了解村民对矛盾处理的满意度。

144. 平安乡村建设

答　平安乡村建设是指在农村地区推动实现社会安定、公共安全和居民安宁的综合性工作，目标是通过加强基础设施建设、提升社会治理能力、改善生活环境等措施，为农村居民创造更加安全、和谐、宜居的生活条件。

调查内容主要是：了解村庄及周边区域的治安状况，包括刑事犯罪率、地方黑恶势力、侵财案件、盗窃、抢劫等问题的发生频率和趋势；

了解监控摄像头、警务室、巡逻队伍等安保措施配置情况、覆盖范围和效果；了解治安宣传和教育工作的开展情况；了解村庄居民对治安问题的感知和安全感评价，了解他们对当地治安状况的满意度和对改进的需求。

145. 各类活动组织

答 其他类型的组织活动还包括文明建设、文化建设和组织活动等。文明建设旨在促进村民道德素质的提升，文化建设旨在培育村庄的文化内涵、价值观念和精神氛围，组织活动旨在提升村民的凝聚力。

文明建设一般包括精神文明创建活动、移风易俗活动，以及传承、弘扬乡村历史、文化的活动，主要调查活动的内容和形式。精神文明创建活动包括文明创建、军民共建、警民共建、厂街共建等；移风易俗活动包括婚丧嫁娶、养老送终、看相算命、装神弄鬼、黄赌毒、非法宗教等；传承、弘扬乡村历史、文化的活动包括农耕文化、节日节庆、手工手艺、孝亲敬老等相关的多种形式的文化活动；村民参与情况；村民满意度；资源保障情况等。

文化建设主要调查文化设施的建设情况，能否满足村民需求，文化建设存在的问题及下一步的打算。其中，文化设施包括如图书馆、文化服务中心、新闻广播电视、数字电视、电影放映、农家书屋、村史馆等；文化宣传措施包括文化墙、宣传栏、主题宣传活动等；文化活动包括看书、读报、唱歌比赛、画画比赛、书法比赛、下棋比赛、英语角、讲故事比赛、演讲比赛、文化沙龙、推广普通话活动等；文化策划包括品牌策划、展览等。

组织活动主要调查各类组织活动的种类和形式，如农业技术培训、文艺演出、体育健身活动、环保公益活动；村民参与情况；活动的内容及目的；活动经费来源等。

146. 文化产品

答 文化产品是以乡村为背景、以农村文化为元素的创意和产品，旨在展现乡村独特的文化内涵，具体方式包括创作文化作品、推进文化惠民等。

文化作品包括传统工艺品、旅游纪念品、图书报纸及文学作品、音乐与表演艺术等形式。应调查文化产品的种类和特征，对农村业余创作者的培养和扶持情况，创作过程中对本土文化故事、戏曲的挖掘利用情况。

文化惠民包括培训、演出、展览、讲座等活动。调查村庄文化惠民活动的形式与内容、参与人员的数量、活动的质量、对活动的评价和存在的问题。

147. 文化传承

答 文化传承是在乡村地区通过各种方式将优秀传统文化和现代文化融为一体，潜移默化地渗透到乡村生产和生活方式中，并转化为人们的自觉行动，内化为人们的信仰和习惯。

文化传承包括乡土文化物质载体、非遗文化、特色文化产业、红色文化等。

物质载体包括传统村落、民族村寨、传统建筑，以及其承载的传统历史典故、文化遗产。调查内容为村落或建筑的位置、数量、面积，建筑结构、层数、风貌，房屋建筑权属，村落或建筑的保护利用情况和相关文化历史典故等。

非遗文化即非物质文化遗产，是指各族人民世代相传并视为其文化遗产组成部分的各种传统文化表现形式，以及与传统文化表现形式相关的实物和场所。调查内容为非遗文化的形式与内容，保护与传承情况，展示的空间与场所，文艺活动和节庆活动。

特色文化产业是通过乡村文化遗产资源的产业化开发，将特色文化资源潜在创意文化经济价值转化为现实价值。调查内容包括特色文化产业类型；产业发展现状，如规模、水平、从业人员数量、企业或组织数量；特色文化品牌建设情况。

红色文化是中国共产党人的精神内核，是中华民族的精神纽带，包括革命历史、红色遗址、红色故事和纪念馆等形式。调查包括红色遗址和纪念馆的数量、类型、保存情况、开放情况，红色教育和宣传的形式、内容，红色文物和档案的收藏、保护和利用，红色文化产业发展情况，红色文化活动和节庆的类型、规模、影响力。

148. 人才建设情况调查

 农村发展，关键在人，没有智力支撑，个人难以改变命运的轨迹；没有人力资源支撑，乡村振兴很难开花结果。

人才建设情况分为县域和村级两个层面开展调查。县域层面，主要了解乡村人才建设的相关制度和政策；村庄层面，详细了解村庄的人才状况、问题及需求。

149. 人才制度机制

 人才制度机制是指为推动乡村地区的人力资源培养、引进和激励而建立的制度、政策和安排，包括人才培养机制、引进机制和激励机制。

人才制度机制调查的重点在县域层面，调查县域层面和针对乡村地区已出台的相关政策、制度和机制，了解相关制度机制的实施情况和存在的问题。

人才培养机制调查乡村教育体系、区域教育资源分布、质量和覆盖程度。人才引进机制调查人才引进政策和措施，现有人才引进政策的吸引力和执行效果。人才激励机制调查人才激励政策和措施，如薪酬福利、职称晋升、荣誉表彰等，了解相关机制的实施情况。

150. 人才现状

答 在 2021 年 2 月，中共中央办公厅、国务院办公厅印发《关于加快推进乡村人才振兴的意见》，提出乡村振兴需要 5 大类、21 小类人才，分别为生产经营型人才、创新创业型人才、社会服务型人才、公共发展型人才和乡村治理型人才。

调查内容为村庄各类人才的现状，包括数量、类型、能力、人才的需求。

生产经营型人才调查在农业生产中的技能水平、专业知识，以及对新农业科技应用的掌握程度、对农产品市场需求的了解程度。

创新创业型人才调查创业的兴趣、意愿和能力，对创业政策、资源、环境的需求情况。

社会服务型人才调查对教育、医疗、扶贫、环保等方面人才的需求，对从事相关社会服务工作的意愿、技能和经验。

公共发展型人才调查公共管理知识水平、政策研究能力和公共资源配置的经验，了解乡村社会发展的方向和需求。

乡村治理型人才调查具体参与的乡村治理领域，如土地管理、农村规划、农村金融等。

151. 新乡贤

答 新乡贤是指村里德高望重的老人，退休返乡、打工回乡时有管理能力、有知识、懂技术、有经济头脑的人，道德模范，身边好人，乡村教师，经济能人等有助于乡村治理的人。对新乡贤调查能以乡情为纽带，以优秀基层干部、道德模范、身边好人的嘉言懿行为示范引领，有利于延续农耕文明、培育新型农民、涵育文明乡风。

调查包括姓名、年龄、性别、教育背景、专业技能和经验、社会影响力、对乡村振兴的态度和观点。

152. 村民发展能力调查

答 村民发展能力是指村民个体在经济、教育、社会和环境等方面的能力，使其能参与、推动自身和社区的发展。调查目的是全面了解村民在各方面的发展能力和潜力，以针对性制定措施提升村民的综合素质和能力水平。

调查包括自我发展能力、自我发展意识和自然社会环境三个方面。调查方式为以村民个体为调查对象，在本村选取调查样本，由村组干部配合完成访谈或问卷调查等。

153. 自我发展能力

答 自我发展能力是指村民个体在不依赖外部资源和支持的情况下，通过自身的努力和能力实现个人成长和发展的能力。调查内容包括关系网络、资本积累和信息获取三个方面。

关系网络，调查村民的亲属关系、邻里关系、组织关系、社交活动关系和就业务工信息来源。

资本积累，调查村民的各类资本情况，包括经济资本、人力资本、社会资本、自然资本。

信息获取，调查村民获取信息的方式和方法，包括市场调研和观察、媒体和新闻报道、互联网和移动应用、政府部门和行业组织、同行交流和合作情况。

154. 自我发展意识

答 自我发展意识是指村民对个人成长和进步的重视程度，以及对自身能力提升和发展的意识和追求。调查内容包括积极性、创新意识、市场参与、权利认知及维权意识、对公共事务的态度等方面。

积极性，调查村民对自我发展的重视程度、学习兴趣和主动性、职业规划和目标、自我激励和挑战性目标，在工作中遇到的困难和挑战。

创新意识，调查村民参与创新活动意愿和动力、思维和能力、实践和经验、资源和支持需求、风险与挑战。

市场参与，调查村民的市场知识和认知水平、市场需求和机会识别、创业意愿和能力、市场竞争意识、市场信息获取途径和方式。

权利认知及维权意识，权利认知调查村民的基本权利认知、经济权利认知、社会权利认知，维权意识调查村民的法律知识和法律意识、维权意识、维权策略和方法、维权需求。

对公共事务的态度，调查村民对公共事务的意愿和积极性、对公共事务管理的评价、对公共事务信息披露的满意度、参与公共事务存在的问题和需求。

155. 自然社会环境

答 自然社会环境指的是在村庄发展和公共事务管理过程中，确保信息公开透明、政策执行公正，并提供必要的政策支持。包括透明性保障和政策帮扶两个方面。

透明性保障指在村庄治理和公共事务管理过程中，确保信息公开透明、决策公正合规，并提供村民参与和监督的机制、环境。调查信息公开情况、决策程序和公正性、村民对村庄事务参与情况、监督机制和效果。

政策帮扶指在经济、社会、环境等方面对村庄实施的各项政策和措施，对村庄产生的效果和影响。调查政策宣传情况、实施情况、帮扶项目和资金使用情况、受益群体和帮扶效果、政策执行监督机制、村民对政策的满意度和建议。

156. 现场调查总结

答 结合外业调查情况，对乡村振兴政策要求、基本情况、产业发展、乡村建设、社会治理、人才建设、发展能力等进行全面总结，形成问题清单；总结村民的诉求和意愿；开展 SWOT 分析，找出村庄发展的优劣势。

157. 政策要求总结

答 政策要求是在村庄现状调查的基础上，将与本村相关的政策进行重点分析解读。

一是国家和地区层面的宏观政策要求。深入分析解读国家和地区政府关于乡村振兴工作的战略部署和安排，重点关注农业现代化、生态环境保护、乡村旅游与文化保护、基础设施建设、农村社会治理与组织建设等方面的内容。

二是区县层面的相关政策要求。明确对本区县、本乡镇对村级乡村振兴规划提出的具体要求，包括规划目标、规划方向和规划重点等。

三是各专项内容相关的政策要求。根据村庄的特点，从产业发展、乡村建设、历史文化、文明治理、人才建设等方面针对性分析相关政策文件。例如：村庄位于大城市城郊，具备发展家庭农场、采摘农业的基础，可针对性搜索发展休闲农业相关的政策文件，为规划提供依据和参考。

158. 基本情况总结

基本情况包括自然条件、社会经济状况和相关规划编制情况，是村庄最基本的特点。通过基本情况总结可以了解村庄的资源禀赋、环境特点、社会经济结构、已制定规划的情况，初步掌握村庄的发展潜力、挑战和机遇，建立对村庄的整体认识，进而总结提炼出村庄最突出、最显著的特色，如区位条件、产业基础、设施状况、精神文化等方面，作为规划的依据和方向。

159. 产业发展现状总结

产业发展现状总结包括两部分内容：一是总结村庄一、二、三产业发展情况；二是分析产业发展存在的问题和不足，如是否有清晰的定位、基础设施是否完善、融合发展的水平高不高、集体经济收入高不高、产品市场竞争力强不强和是否建立了利益联结机制等方面，进而提出产业发展方向和目标的初步想法。

160. 乡村建设现状总结

 对现状村庄基础设施、基础公共服务设施、人居环境等方面存在的问题和短板进行概括总结。

基础设施和基本公共服务设施需结合村庄的等级和规模，采用相应的标准配置；需结合村庄实际需要，对各类设施现状进行分析。

基础设施包括道路、给排水、电力通信、广播电视等内容，从各类设施的数量、位置、标准等方面进行总结；基本公共服务设施包括行政、教育、医疗、养老、殡葬、文体、商业等设施，从各类设施的规模、面积、标准、服务质量等方面进行总结；人居环境包括污水环卫、村容户貌、特色建筑等内容，从设施配套、建筑环境等方面总结。

乡村建设存在的问题，需结合村庄的实际需求，从各类设施的配套、使用、管理等方面进行分析，尤其关注各类设施的日常管理维护方面。

161. 社会治理现状总结

答 通过对村庄社会治理的要素进行总结，分析社会治理存在的问题。社会治理现状包括村庄的基层组织建设、制度建设、队伍建设、村务管理、法治建设、矛盾处理、平安乡村、文明建设等方面的内容，总结各类组织的运行情况、各类活动的开展情况、各类机制的实施情况。社会治理存在的问题从村庄社会风气、各类组织运行存在的问题、宣传教育活动的开展情况和效果等方面总结。

162. 人才建设现状总结

答 从人才建设情况、制度机制、人才现状和新乡贤等方面，掌握县域人才机制和政策，了解村庄的人才建设现状，明确人才建设的优势，根据村庄的总体定位和产业发展的需求，分析人才方面存在的问题和挑战，进而在规划阶段提出针对性的策略和措施。

163. 发展能力总结

 发展能力是从宏观政策层面、中观区域层面和微观村民层面，对村庄整体发展思路、做法和要求进行总结。

宏观政策层面，是县级、乡镇等上级政府，从区域城镇功能、设施布局、区域协调发展等宏观层面提出的发展远景。

中观区域层面，是立足村庄及区域环境，从特色产业、风貌塑造、设施完善等方面，提出村庄层面的发展蓝图。

微观村民层面，是以村民和各类经营主体为主体，从生产生活便捷度、设施配套完善、自身能力和意识等方面勾画村庄发展愿景。

164. SWOT 分析

SWOT 分析也叫态势分析法，即优势（Strengths）、劣势（Weakness）、机会（Opportunities）和威胁（Threats）分析，通过罗列村庄的优势、劣势、机会和威胁的各种表现，形成一种模糊的村庄竞争地位描述，进而对村庄的发展定位和规划方向提供依据、参考。

优势和劣势是村庄发展的内部条件。优势是指村庄自身具备的客观存在的有利条件，包括村庄的区位、环境、资源禀赋、产业发展、设施配套、文明文化、人力资源等。劣势是指村庄自身存在的不利因素。

机会和威胁是村庄发展的外部环境。机会是指外部环境中的利好因素，包括国家和区域的整体发展环境，上级政府的政策、文件、措施、项目投入等。威胁是指村庄外部环境中的不利因素。

第五章

总体规划

总体规划

165. 总体规划编制

166. 区域综合分析

167. 明确村庄类型

168. 确定发展定位

169. 提出发展策略

170. 提出规划目标

171. 预测人口规模

172. 提出空间规划

173. 划定生态空间

174. 划定生产空间

175. 划定生活空间

176. 提出规划结构

165. 总体规划编制

答 总体规划是对村域发展的总体考虑，其作用体现在两个方面：一是总体谋划村庄的发展定位、发展目标和策略等；二是提出村域建设总体布局。

总体规划要衔接上位规划、指导专项规划的编制，包括区域综合分析、定位村庄功能、明确村庄类型、发展定位、发展战略、发展目标、人口规模，提出村庄规划结构，完成村庄空间规划。

总体规划作为村级乡村振兴规划的一部分，随同整个规划一同审批。鉴于其是规划的核心，在编制过程中需要注意充分征求主管部门和村民的意见，确保规划内容与相关方得到充分沟通和认可。

166. 区域综合分析

答 区域综合分析是对县级和乡镇的上位规划要求进行分析和研究，明确其对村庄提出的安排和要求。通过区域综合分析，将规划中对村庄的要求进行梳理总结，深入分析研究相关的文件或规划，从而对村级规划提出更明确的指引。

167. 明确村庄类型

答 县级乡村振兴规划对村庄类型进行了划分。在外业调查工作基础上，通过内业整理和分析研判，与县规划主管部门沟通交流，了解村庄类型的划定依据，提出是否调整类型的意见。

168. 确定发展定位

答 村庄发展定位是规划的重要工作，是明确村庄未来发展方向和目标的重要步骤，应根据现场调查掌握的情况，结合区域综合分析确定，以指导后续的规划、建设和管理。

村庄发展定位包括总体定位和形象定位。总体定位是对村庄未来发展方向的高度概括，需要对村庄最突出的功能和特色进行提炼；形象定位是用具有特色文化内涵的形象，对村庄未来发展方向进行概括，形成品牌化的宣传效果。

确定村庄发展定位可通过以下三个步骤：

一是分析研判宏观政策的要求；二是分析上位规划对区域和村庄提出的功能、定位；三是结合村庄现状、特色和优势，融合提炼出村庄的发展方向。

以河南省淅川县九重镇邹庄村规划为例。邹庄村是水库移民村，2021年5月13日，在河南省南阳市考察的习近平总书记来到邹庄村，了解南水北调移民安置、发展特色产业、促进移民增收等情况，提出了"江山就是人民、人民就是江山，打江山、守江山，守的是人民的心"的重要论述。规划建设以习近平总书记"江山论"和移民文化为主要内涵的红色教育基地，以红色旅游引领，第一、二、三产业融合发展，移民村庄特色风貌彰显的乡村振兴样板村为总体发展思路，提出村庄的总体定位为"红色教育基地，乡村振兴样板"，形象定位为"红色邹庄，移民家园"。

169. 提出发展策略

答 发展策略是根据村庄类型和发展定位，提出产业发展、乡村建设、乡风文明、乡村治理和乡村人才等方面的发展策略，为后续的具体措施提供指引。

产业发展策略是村庄发展策略的核心，包括主导产业选择、产业体系构建两个方面。主导产业选择方面，应结合村庄区位与资源优势，选择具有资源基础和市场竞争力的优势产业；产业体系构建方面，应利用优势产业，整合资源、延伸附加值高的产业链条，统筹村域第一、二、三产业发展。对产业基础较为薄弱、产业门类单一、缺乏竞争力的村庄，一般不必追求产业体系的大而全，选择主导产业做强做优，达到提高村民收入的目标即可。

明确产业发展策略后，围绕产业发展这一核心目标，从建设、人才、文明和治理等方面提出相应的策略。如完善旅游配套设施，提升旅游接待服务能力；加强旅游服务人才培训，提供专业的旅游服务；加大诚信经营宣传力度，提升村民文明素养，营造良好的村庄风气。

170. 提出规划目标

答 规划目标是规划成果的高度概括和呈现，既要有形象目标，也要有规划期内的量化目标，分为总体目标和具体目标。

总体目标是对村庄愿景的描述，涵盖多方面的发展需求，具有明确性、可行性和可持续性，是对村庄产业发展、生态环境、文明和谐等多个方面的总结性描述。

具体目标是对总体目标的进一步细化和具体化，要更具体、可操作，能够明确指导村庄的各项工作和决策，一般采用定量＋定性结合、构建指标体系的方法，确定村庄在产业、生态、文化、人才、组织等多方面能够达到的水平或者规模。

规划目标是落实村庄发展定位的抓手，是制定各专项措施的依据，制定规划目标应贯穿规划阶段全过程，根据实际情况多次调整，做到前后对应。

以河南省淅川县九重镇邹庄村规划为例。规划总体目标为，到2023年邹庄村成为引领全县乡村振兴工作的示范标杆，2025年邹庄村产业、人才、文化、生态、组织振兴深入推进，2035年邹庄村推进乡村振兴战略实施工作取得决定性进展，农业农村现代化基本实现。具体目标为，包括产业兴旺、乡村建设、乡风文明、治理有效、生活富裕5个方面共计33个具体目标。

171. 预测人口规模

 村庄人口规模是确定村庄规划建设用地、配套各类基础设施和公共服务设施的基础，也是发展村庄产业的基础。一般而言，村庄人口规模可从村庄规划等法定规划中获取；对于尚未编制村庄规划的村庄，则需要结合区域经济发展水平、产业构成情况、当前示范村的常住人口数量，考虑未来产业开发建设可能出现的人口流入情况进行预测。

人口规模预测一般采用自然增长率法，再考虑机械增长确定人口数量。但随着城镇化进程的推进，不同地区村庄人口数量呈现出持续衰落或外来人口大量涌入的不同趋势，规划应比较近年的变化趋势，根据经济社会的发展情况做出准确判断。规划也可进行简单处理，以基准年的村庄人口为基础，适当留有余地。

172. 提出空间规划

 空间规划是通过划定生产、生活和生态"三生"空间的范围，明确不同功能空间的主导功能和管控要求，对村庄内部土地利用、空间布局进行合理组织和规划，从而实现优化土地利用、引导村庄保护与发展。

已经编制村庄规划的村庄，可直接采用村庄规划的空间规划成果。尚未编制村庄规划的村庄，可以三调用地现状为基础，按照生态安全、绿色发展、节约集约的要求，结合村庄的自然禀赋、环境承载力、用地适宜性和村庄发展需要，将相同主导功能的用地划为同一类型空间，并绘制三生空间规划图。

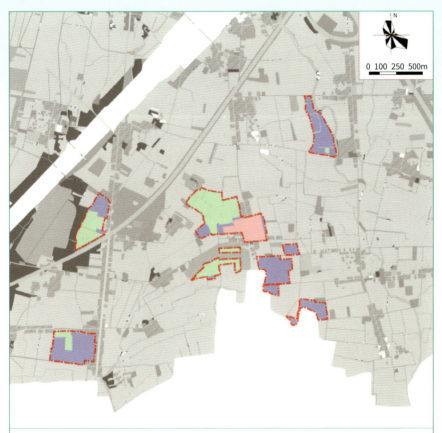

　　生态空间：主要包括邹庄村范围内的水域蓝线空间、林地空间，现状水塘、沟渠、林地、果园属于生态空间范围。对生态空间内已有各类开发建设活动，根据其合法性和对生态系统保护的影响程度，予以保留或逐步清退。

　　生产空间：主要包括邹庄村范围内的一般农田和基本农田区域，现状农田、养殖场属于生产空间范围。严格管控非农建设占用永久基本农田，防止永久基本农田"非农化"。

　　生活空间：主要包括村庄和产业开发建设的各类用地，现状村民居住区属于生活空间范围。生活空间范围内的集中开发建设用地不得突破生活空间边界，在生活空间范围外不得从事集中开发建设活动。

图例	
🟥	生活空间
🟩	生态空间
🟪	生产空间

三生空间规划图

151

173. 划定生态空间

答 生态空间是村庄中用于生态保护和生态功能的空间范围，一般包括林地、河流水面、裸岩石砾地、水库水面、裸土地、内陆滩涂等用地。

生态空间内，要严守生态保护红线，加强林地及水源地保护和建设，优先建设生态环境保护设施。生态空间以保护与恢复工程为重点，如加强对湿地资源的保护和监管，恢复湿地的自然特性和生态功能，促进人与自然的和谐相处，培育水源区的良好生态环境和水质安全环境；鼓励人口适度迁出，严格控制与生态保护无关的各类开发建设活动等。对生态空间内已有各类开发建设活动，根据其合法性和对生态系统保护的影响程度，予以保留或逐步清退。

174. 划定生产空间

答 生产空间是村庄中为促进农业、工业和第三产业等生产活动，满足村庄经济发展需要的空间范围，一般包括耕地、园地、设施农用地、养殖坑塘、草地、水工建筑物、采矿用地、干渠、工业用地等。

生产空间内，要从严管控非农建设占用永久基本农田；立足特色资源优势、环境承载能力、人口聚集程度和经济发展条件，科学划分农村经济发展片区，切实保护农业生产区域；顺应现代农业发展需要，因地制宜布局农产品冷链、集散、物流配送和展销功能，统筹推进农业产业园、科技园、创业园等各类园区建设；统筹利用农村集体建设用地和闲置宅基地，促进三产融合发展，引导农村康养、乡村旅游、农村电商等新业态合理布局。

175. 划定生活空间

答 生活空间是以农村居民点为主体，以居民居住、休闲、文化和社交等功能为主，为农民提供生产生活服务的空间，一般包括道路用地、住宅用地、公用设施用地、科教文卫用地、商业服务业设施用地、机关团体新闻出版用地、农村宅基地、广场用地、公路用地、沟渠、坑塘水面、港口码头用地等。

生活空间内，集中开发建设用地不得突破生活空间边界，严格控制人均新增村庄建设用地面积；按照"宜聚则聚、宜散则散"理念，探索

"小规模、组团式、微田园、生态化"的建设模式；合理划定具有历史传承价值、体现乡村发展脉络的民居、自然景观、文物古迹、古树名木等保护空间，传承当地传统民居建筑风格，充分彰显既原生态又有现代气息的村庄风貌；完善公共服务配套设施，强化空间发展的人性化、多样化，着力构建便捷的生活圈、完善的服务圈、繁荣的商业圈。

176. 提出规划结构

答 规划结构是对村庄空间布局和组织结构的总结提炼，包括功能分区和空间结构。功能分区，是结合规划对村庄空间发展的安排，将村庄范围划分为包括居住、商业、农业、服务、旅游等不同功能为主导的片区，确定不同的功能分区可以使不同片区各有侧重、有序发展，并且相互之间形成良性衔接；空间结构，是在功能分区的基础上按照"点、线、面"相结合，确定不同的功能节点、发展轴线和重点功能区。

规划以村庄现状空间布局为基础，根据空间规划及其管控要求，本着经济集约、山水生态、因地制宜的原则，结合示范村地形地貌特征，梳理其产业发展、村庄文化等各类要素，对村庄用地进行布局优化，形成村庄的空间结构。

以河南省淅川县九重镇邹庄村规划为例。规划提出"一环两心三区多点"的空间结构，一环引领：一环是指邹庄村的红色旅游环线，两心引领：两心为邹庄村综合服务中心和京都果园产业发展副中心；三区协同：三区包括红色旅游先行区、农旅融合体验区和现代农业示范区；多点共生：多点是指邹庄村散布在四周的生产用地。

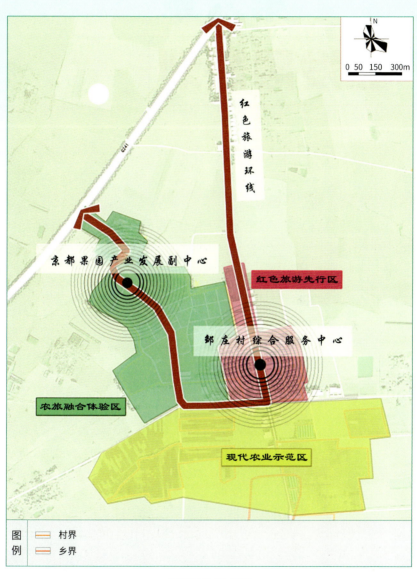

规划结构示意图

第六章

产业发展规划

177. 产业发展与乡村振兴的关系

178. 产业发展总体思路

179. 产业发展规划流程

180. 产业发展规划依据

181. 产业发展规划原则

182. 产业发展规划目标

183. 产业发展现状分析

184. 产业发展问题分析

185. 产业发展规划方向

186. 产业发展规划措施

187. 农业基础设施建设

188. 发展优势农作物种植

189. 发展特色林果业

190. 发展设施农业

191. 发展生态渔业

192. 发展生态畜牧业

193. 建设农产品基地

194. 建设现代农业产业园

195. 建设田园综合体

196. 发展农产品加工业

197. 发展特色餐饮

198. 发展农家乐

199. 发展乡村民宿

200. 建设采摘园

201. 建设乡村游园

202. 建设农业体验项目

203. 建设垂钓项目

204. 建设生态观光休闲项目

205. 建设康养项目

206. 发展农业生产性服务业

207. 提供农资供应服务

208. 提供农业技术服务

209. 提供农机作业服务

210. 提供农产品销售服务

211. 提供农业市场信息服务

212. 建设农产品流通体系

213. 建设农产品集散地

214. 建设粮食收储供应安全保障工程

215. 建设冷链物流配送体系

216. 发展快捷高效配送

217. 发展农村电子商务

218. 培育新产业新业态

219. 发展飞地经济

220. 发展物业经济

221. 发展数字产业

222. 农产品品牌建设

223. 增加集体经济组织收入

224. 培育新型经营主体

225. 落实利益分配机制

177. 产业发展与乡村振兴的关系

 产业振兴是乡村振兴的基础和关键，二者之间的关系体现在四个方面：

一是产业发展为乡村振兴提供良好的生活保障。农村产业发展，不仅能够提供更多、更丰富的农产品，确保国家粮食安全，而且能够提供更优质、更安全、更健康的高品质农产品。

二是产业发展为乡村振兴提供可靠的收入来源。农村产业是农村居民收入的重要来源，通过大力发展产业，加快缩小城乡居民收入差距。

三是产业发展为乡村振兴汇聚人才和人力资源。只有产业兴旺，才能创造更多的就业机会和岗位，才能为乡村振兴吸引和凝聚更强大的人才队伍和人力资源。

四是产业发展是乡村振兴可持续发展的重要保证。只有产业兴旺，才能为乡村政治、文化、社会和生态文明建设提供物质条件和基础，进而不断激发乡村发展活力，增强乡村振兴内生动力，构建乡村振兴可持续发展机制。

178. 产业发展总体思路

 产业发展规划围绕发展什么、谁来经营、利益分配三个问题进行。

"发展什么"从农业产业链延伸和功能拓展两个方面来考虑。产业链延伸是在做大做强优势产业、特色产业的基础上，将农业生产延伸至农产品加工、销售、物流、配送，从而建立完善的产销链条。农业功能要拓展农业生态涵养、休闲体验、文化传承等功能，融合发展"农业 +"文化、旅游、教育、康养等新兴产业，凸显乡村经济、生态、社会和文化价值。

"经营主体"是产业的根基，没有经营主体的枝繁叶茂，难有产业发展的花繁果硕。在明确了"发展什么"之后，关键是要抓好经营主体的培育发展。根据国家相关政策，经营主体的重点要放在培育种植大户、农民合作社、农业产业化龙头企业、农业社会化服务组织等各类骨干力量上。

"利益分配"的关键是建立新型经营主体与村庄、农户的利益分配机制，增加各方尤其是农民的收入。

村级规划阶段的重点是"发展什么"，对于"经营主体"和"利益分配"，规划提出相应要求即可，由县级层面统筹考虑解决。

179. 产业发展规划流程

答 产业发展规划包括以下五项内容:

一是分析产业发展现状和存在问题。通过村庄现状调查,掌握产业现状发展水平,梳理存在的问题,对产业发展的优势、劣势,面临的机遇和存在的问题进行分析。

二是确定产业发展定位。在总体规划确定的村庄发展定位之下,根据产业发展现状和存在问题,结合区域产业发展格局和市场需求,考虑环境因素和资源承载能力,确定符合村庄实际情况和发展潜力的产业方向。

三是明确产业发展目标。根据总体规划确定的发展定位、发展目标,明确村庄产业发展的方向、定位和目标;结合产业基础,谋划主导产业、优势产业、一般性产业;以解决产业发展的薄弱环节、整合构建产业链和建设现代农业为重点,在村域总体空间安排的基础上,提出统筹村域第一、二、三产业发展和空间布局。

四是策划产业发展项目。从完善区域产业链条、拓宽村内现有产业发展渠道、构建村民利益分享机制等方面,提出产业发展的具体项目。规划项目内容包括建设地点、建设规模、建设内容、实施主体、建设期限、资金安排等。

五是落实产业发展用地。根据总体规划确定用地布局,核对产业发展项目用地是否落实,是否满足空间布局要求,是否遵守了基本农田和生态红线保护要求。

其中,第一项内容在现场调查阶段完成,第二、三项内容在总体规划阶段完成,第四、五项内容是产业发展规划阶段的重点任务。

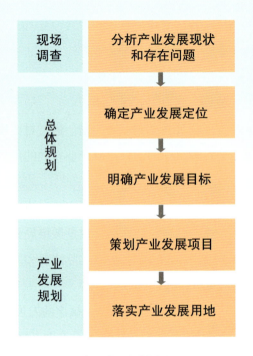

产业发展规划流程

180. 产业发展规划依据

 规划依据包括与乡村产业发展相关的政策文件、相关规划等，从中获取与村庄相关的产业发展目标和方向。

政策文件包括国家、省、市、区县各级政府出台的各类文件，包括农业农村现代化、新型经营主体、产业高质量发展、产业流通、金融支持等方面，如《关于促进乡村产业振兴的指导意见》《关于促进小农户和现代农业发展有机衔接的意见》《关于加快构建政策体系培育新型农业经营主体的意见》《农业农村部关于拓展农业多种功能　促进乡村产业高质量发展的指导意见》《中央财办等部门关于推动农村流通高质量发展的指导意见》《关于金融支持全面推进乡村振兴　加快建设农业强国的指导意见》《关于开展国家数字乡村试点工作的通知》《农业农村部关于促进农业产业化龙头企业做大做强的意见》《关于推动文化产业赋能乡村振兴的意见》等。

　　相关规划包括国家、省、市、区县各级政府编制的各类规划，是政策文件的落实，如《全国乡村产业发展规划（2020—2025年）》《"十四五"推进农业农村现代化规划》《全国现代设施农业建设规划（2023—2030年）》《农业品牌精品培育计划（2022—2025年）》《全国现代设施农业建设规划（2023—2030年）》《数字乡村发展行动计划（2022—2025年）》《新型农业经营主体和服务主体高质量发展规划（2020—2022年）》《社会资本投资农业农村指引（2022年）》等。

181. 产业发展规划原则

答 产业发展规划的原则包括以下四条：

一是生态优先，绿色发展。绿色是产业发展的底色，产业发展不能以牺牲生态环境为代价，要选择生态绿色的产业项目。

二是以农为本，融合发展。民以食为天，保障粮食安全是产业发展的首要任务，并依托本土资源和本村特色，建立适合的产业链，做到宜农则农，宜工则工、宜商则商。

三是产业聚集，抱团连片。乡村产业要走集约化、专业化、规模化发展之路，必须突破村与村之间行政边界，形成抱团、连片、成区的格局，充分利用区域资源、区域特色，开拓新业态，抱团营销，实现优势互补、产业融合，共享产业增值收益。

四是做大品牌，保障收益。品牌化是农业现代化的重要标志，没有品牌的企业很难能够经受住市场经济的风雨考验而长久生存。要从资源禀赋和产业特点出发，从品牌建设、形象塑造、营销推广等方面提出建设措施，提升农产品的市场竞争力，打造优势农业。

182. 产业发展规划目标

答 产业发展规划目标是对总体规划确定的目标中，关于产业发展目标的细化，包括总体目标和具体目标。

总体目标是从产业发展的整体考虑，针对产业发展基础和质量、产业结构和体系、农民和集体经济收入水平等方面要达到的目标进行概括性说明，如农业基础更加稳固，产业结构更加合理、绿色发展模式更加成熟、现代产业体系基本形成、乡村就业结构更加优化、农民增收渠道持续拓宽。

具体目标是根据上位规划要求和产业发展现状，提出具体的、可量化、能获取的指标，如土地流转比例、培育村级主导产业的数量、农业机械化水平、"三品一标"产品数量、农产品加工转化率、集体经济年收入等。

183. 产业发展现状分析

在现场调查的基础上，进一步分析农业、工业、第三产业的发展现状。

农业方面，种植业分析粮食作物、经济作物、特色林果的种类、面积、产量、产值，基础设施条件，农机装备水平，生产效率，农业效益、经营主体和利益分享机制；养殖业分析养殖相关的政策要求，养殖的种类、规模、体系，经济效益等，并对农业发展的总体格局、产业特色、优势及短板进行综合分析。

工业方面，分析工业企业的类型、技术水平、吸纳劳动力、环境影响、经济效益等，并对产业结构、主导产业进行总结，分析产业发展趋势。

第三产业方面，乡村旅游分析区位优势、核心资源、项目业态、景区级别、设施配套、游客流量、经济效益等；其他产业如光伏发电、物业经济等分析产业类型、经济效益、发展前景和利益分享机制，并对产业链延伸拓展、三产融合发展，对村民的带动作用和利益分享机制方面进行分析。

184. 产业发展问题分析

答 在现场调查基础上，高度概括凝练出产业发展定位、产业发展基础、产业融合程度、村集体经济、产品竞争力、利益联结机制等方面的问题。

产业发展定位，分析村庄是否编制了产业发展规划、制定了明确的产业发展目标，是否能在规划和目标指引下，明确自身的发展定位，发挥自身的特点和优势，持之以恒，培育形成优势产业。

产业发展基础，分析村庄是否面临资金投入、基础设施、人力资源、农业技术等方面的问题。

产业融合程度，从村庄产业链延伸，村庄与区域之间融合，不同区域产业协调等方面分析产业融合存在的问题。

村集体经济，分析集体经济收入水平、收入来源、收入构成、收入可持续性，重点关注村集体资产运营、对村民的带动等方面存在的问题。

产品竞争力，从村庄品牌优势、市场开拓情况入手，分析本地优势资源利用、品牌宣传推广、品牌附加值等方面存在的问题。

利益联结机制，分析村民在产业项目中的受益方式，村民参与产业经营方面的问题。

185.产业发展规划方向

答 根据上位规划的要求，结合现场调查情况，根据已确定的产业发展思路，提出构建现代产业体系、培育新型经营主体、落实利益联结机制三个方面的方向。

一是构建现代产业体系。围绕做优做绿第一产业、做实做强第二产业、做精做活第三产业提出方向。

第一产业，根据区域农业发展情况，明确村庄农业发展的优势，找到制约产业发展的短板，提出第一产业的发展重点，如粮食种植、林果业、畜牧业等，并做好与其他产业的衔接与拓展。

第二产业，评估村庄的资源优势，了解区域工业发展思路，提出乡村工业的发展方向，如农副产品加工、传统手工业等。

第三产业，包括乡村旅游业和新产业新业态。旅游业应了解区域旅游发展总体格局，分析村庄旅游资源禀赋，明确村庄在区域旅游格局中的定位，从旅游基础设施建设和旅游服务提升等方面策划相关项目；新产业新业态应充分研读上位规划提出的要求，根据区域经济社会发展水平和村庄自身发展需要，确定新产业新业态的发展内容。

二是培育新型经营主体。根据村庄现有经营主体的情况和存在的问题，从提高经营主体效益、鼓励村级合作社优化运行、打造多元化社会服务主体等方面提出相应策略。

三是落实利益联结机制。从创新利益联结模式、收益分配方式、壮大集体经济、强化品牌建设等方面提出具体策略。

186.产业发展规划措施

 根据产业发展方向，产业发展规划措施围绕构建现代产业体系、培育新型经营主体、落实利益联结机制三个方面开展。

构建现代产业体系包括农业基础设施、优势农作物、农产品加工业、乡村休闲旅游业、生产性服务业、农产品流通体系、新产业新业态、品牌建设等八个方面的内容。

```
                                              ┌─ 农田水利设施
                                              ├─ 田间道路工程
                                              ├─ 平整土地工程
                              ┌─ 农业基础设施 ─┤
                              │               ├─ 林网建设
                              │               ├─ 土壤改良
                              │               └─ 高标准农田建设
                              │                  ┌─ 特色林果业
                              │                  ├─ 设施农业
                              │                  ├─ 生态渔业
                              ├─ 优势农作物 ─────┤─ 生态畜牧业
                              │                  ├─ 农产品基地
                              │                  ├─ 现代农业产业园
                              │                  └─ 田园综合体
                              ├─ 农产品加工业
                              │                     ┌─ 特色餐饮
                              │                     ├─ 农家乐
                              │                     ├─ 乡村民宿
                              │                     ├─ 采摘园
                              ├─ 乡村休闲旅游业 ────┤─ 乡村游园
                              │                     ├─ 农业体验项目
              ┌─ 构建现代产业体系 ─┤               ├─ 垂钓项目
              │               │                     ├─ 生态观光休闲项目
              │               │                     └─ 康养项目
              │               │                  ┌─ 农资供应
              │               │                  ├─ 农业技术
产业发展规划措施 ┤              ├─ 农业生产性服务业 ┤─ 农机作业
              │               │                  ├─ 农产品销售
              │               │                  └─ 农业市场信息
              │               │                  ┌─ 农产品集散地
              │               │                  ├─ 粮食收储供应安全保障工程
              │               ├─ 农产品流通体系 ─┤─ 冷链物流配送
              │               │                  ├─ 快捷高效配送
              │               │                  └─ 电子商务
              │               │                ┌─ 飞地经济
              │               ├─ 新产业新业态 ─┤─ 物业经济
              │               │                └─ 数字经济
              │               └─ 品牌建设
              │                              ┌─ 集体经济组织
              ├─ 培育新型经营主体 ──────────┤
              │                              └─ 新型经营主体
              └─ 落实利益联结机制
```

187. 农业基础设施建设

答 以现场调查的情况为基础，结合产业发展的需求，从区县层面进行统筹安排，对村庄层面基础设施进行查漏补缺，提出相应的项目。农村基础设施建设包括农田水利设施、田间道路工程、平整土地工程、林网建设、土壤改良、高标准农田建设等六个方面内容。

农田水利设施：新建或改建水利设施的性质、位置、标准、规模、灌溉面积。

田间道路工程：新建或改建道路工程的起止地点、长度、路基宽度、路面材质。

平整土地工程：工程的位置、面积、坡度、土质、排水情况。

林网建设：新建或改建林网工程的位置、面积、防护范围、植被类型。

土壤改良：工程的位置、面积、改良措施、改良目标。

高标准农田建设：农田工程的位置、面积、标准，基础设施和管理措施的类型、规模、管理制度。

188. 发展优势农作物种植

 区域方面，在县级和乡镇层面了解该农作物的发展情况和政策
扶持情况，提出整合周边地区种植该作物的种植户、鼓励发展
联合种植经营的实施建议。

村级层面，按照打造优质、特色、精品、有机的农产品标准化生产
基地的目标，提出生产基地种植地点、种植规模、经营方式、建设标准。

189. 发展特色林果业

 针对已经形成规模的特色林果业，从加强设施建设、扩大种植
规模、延伸林果业产业链等方面提出规划措施。

加强设施配套，主要指林区内的生产路、灌溉设施、农业设备等，
提出各类设施的建设地点、建设性质（新建 / 改建）、标准、建设规模。

扩大种植面积，需明确种植地点、种植规模、种植品种。

延伸林果业产业链，明确产业延伸的方向（初级加工 / 精深加工），
提出所需的设施类型、标准、规模，明确加工业地点、用地规模等。

190. 发展设施农业

答 发展设施农业需要具备良好的区位条件，靠近城区、交通便捷和地形平坦；掌握设施农业技术，如设施建设和维护技术、环境控制技术（如温度、湿度、光照等）、水肥一体化技术、种植管理技术等；拥有可靠的市场销售渠道，依托商超、市场、网络等多种渠道。

在具备发展条件的村庄，可规划设施农业项目，确定设施农业的位置、规模、类型、种植农作物的种类、经营主体和经营模式。需注意的是，设施农业对技术水平要求较高、投资较大，要做好项目前期论证，避免建成后效益不佳。

191. 发展生态渔业

答　生态渔业的发展要结合村庄的资源禀赋，在具备水域资源、掌握相应渔业技术，符合政府相关政策规定的前提下，合理确定村庄渔业发展措施。

　　规划应根据上级政府关于环境保护、禁养区和禁渔期的规定，结合本区域的养殖基础，提出渔业养殖的发展方向和类型，如选择发展效益好、见效快、可操作性强、对场地要求不高的高密度生态养鱼方式。提出渔业养殖场的建设地点、建设标准、建设规模等。

192. 发展生态畜牧业

答　生态畜牧业的发展要结合村庄的基础情况，符合所在区域畜牧业养殖的政策法规要求，具备足够的土地和适宜的场所、有稳定且高质量的饲料供应、有相关专业技术人员等条件。

　　规划应提出养殖方式，确定养殖用地的位置和规模，养殖用地要考虑污水、废气的影响，选择与居住和生活片区有一定距离、交通较为便利、设施较为健全的用地；明确养殖品种和经营主体。

193. 建设农产品基地

答 农产品基地是在村庄现有农产品经济中，选择占有较重地位并能长期稳定地向区外提供农产品，加以扶持和培育，使之成为本村的特色产业，包括粮食、油料、糖料、蔬菜、牧业、渔业等各种生产基地。

农产品基地建设要考虑周边区域和自身的发展情况，选择发展在区域种植历史悠久、种植条件突出的农产品，建设相应的基地。规划应确定基地农产品的种类、品种，以及建设位置、建设规模。

194. 建设现代农业产业园

答 现代农业产业园，是在具有一定资源、产业和区位等优势的农业区内划定相对较大的地域范围优先发展现代农业的综合性示范园区，是农业示范区的高级形态。

建设现代农业产业园是全面推进乡村振兴、加快农业农村现代化的牵引性工程。一般需由政府引导、企业运作，政策导向性很强，对乡村及区域的区位、土地、市场、技术、劳动力等条件要求较高。

规划应根据产业园的建设思路和发展方向，结合村庄的特点确定村庄在园区的发展定位；明确产业园的建设地点、园区规模，主导产业、产业链延伸和功能拓展的思路；根据园区的总体规划，确定村庄的功能布局、产业类型、发展规模和用地方案。

195. 建设田园综合体

答 田园综合体是以一定数量村庄构成的特色片区为开发单元，以实现第一、二、三产业深度融合、生产生活生态"三生同步"、产业教育文旅"三位一体"为目标的发展模式。

申报国家级和省级田园综合体，需要具有明确的功能定位、良好的基础条件、友好的生态环境、有力的政策措施、明确的投融资机制、显著的带动作用、顺畅的运行管理等 7 个条件。

具备建设条件的村庄可根据田园综合体规划，先明确园区的建设位置、建设规模、总体布局和功能分区，再提出村庄的发展定位、主要功能、主导产业，明确产业项目的类型、建设位置、建设规模、建设时序、建设主体、运行模式等。

196. 发展农产品加工业

答 农产品加工业需具备良好充足的农产品供应、良好的交通和物流条件、必要的加工设备和技术和健全的销售渠道，在发展思路上要坚持大、中、小农产品加工企业共同发展，并根据实际情况提出农产品加工业规划措施。

在具备发展条件的村庄，规划可提出建设项目名称、建设地点、建设规模、生产规模、吸纳劳动力情况、收益等。

197. 发展特色餐饮

答 特色餐饮需具备优质农产品、特色菜品和烹饪技艺、优质的餐饮服务和环境体验等条件。可结合景区和旅游景点设置，充分利用当地资源、文化和市场需求，挖掘地域特色、开发特色菜品、提供优质服务。

在具备发展条件的村庄，可提出发展特色餐饮的数量、位置、规格、面积、接待能力、特色菜品等。

198. 发展农家乐

答 发展农家乐需具备优美的自然环境、良好的交通和基础设施、多样化的旅游体验项目。游客可以亲身感受农田的季节变化、参与农作物的种植和采摘、品尝农家美食等，体验到真实的农村生活，感受大自然的美丽和宁静。

在具备发展条件的村庄，可提出发展农家乐的具体措施，包括明确农家乐的数量、位置、规模、设置的项目、接待能力、经营方式、规格档次等。

199. 发展乡村民宿

 乡村民宿能融合农业、生态、文创、餐饮、娱乐等多种资源，引导当地村民参与到乡村旅游活动中，是乡村经济发展的新引擎。发展乡村民宿一般需有合适的场地和房屋建筑、便捷的交通和基础设施、良好的自然环境、特色的文化底蕴等要素。

根据村庄情况，规划提出发展乡村民宿的措施，包括明确民宿发展的定位和需求，民宿的数量、位置、规模、接待能力、经营方式、规格档次等。

200. 建设采摘园

 采摘园一般要靠近城区和人口集聚区，具备良好的用地和农业种植管理技术、明确的市场需求等条件。

规划可提出采摘园的建设位置、建设面积、种植品种、功能设置、经营主体、经营方式等。

201. 建设乡村游园

 乡村游园要具备适宜的用地条件、良好的自然环境、便捷的交通条件。规划可提出游园的建设位置、建设面积、建设类型、主要功能、运行维护等。

202. 建设农业体验项目

 农业体验项目一般应具备良好的区位条件，靠近城市和旅游景区；必要的土地资源和农业基础设施；良好的经营意识和经营策略。在此基础上，规划可提出农业体验项目的总体定位、项目类型、建设位置、建设面积、建设标准、经营主体、带动就业等。

203. 建设垂钓项目

答 垂钓项目的设置要符合相关的政策法规要求；具备良好的区位条件，靠近城区和人口集聚区；要有良好的水域资源和鱼类资源；优美的自然生态环境；必要的垂钓配套设施。

在具备条件的村庄，规划可提出垂钓项目的建设位置、建设规模、建设内容、配套设施、安全设施、建设标准、活动和赛事策划等。

204. 建设生态观光休闲项目

答 生态观光休闲是以生态环境为主要景观的旅游类型，对景观环境和品质要求比较高，建设生态观光休闲项目要具备优越的生态环境、丰富的文化资源、完善的基础设施，以及特色旅游品牌等条件。

在具备条件的村庄，规划可提出生态观光休闲项目的总体定位、建设内容、建设位置、建设规模、建设标准、配套设施、品牌宣传等。

205. 建设康养项目

答 康养项目要立足乡村的特色资源，集乡村生活、健康、旅游、养老养生、教育等多种功能于一体。建设康养项目要具备优越的生态环境、丰富的康养资源、完善的交通和基础设施、专业的管理团队等条件。

对于具备条件的村庄，规划可提出康养项目的发展定位、康养项目特色、建设位置、建设规模、建设标准、接待服务能力等。

206. 发展农业生产性服务业

答 农业生产性服务业是指为农业生产提供各种专业化服务和支持的行业，包括农资供应服务、农业技术服务、农机作业服务、农产品销售服务、农业市场信息服务、农产品流通体系建设、农产品集散地、粮食收储供应安全保障工程、冷链物流配送、快捷高效配送和电子商务等。

农业生产性服务业涉及的专业性强、覆盖面广，要以县级层面提出的系统性解决方案为基础，根据村庄实际情况提出具体的措施。

207. 提供农资供应服务

答 农资供应服务是为农业生产提供各类农业资材和相关服务的模式，包括农业运输机械、生产及加工机械、农药、种子、化肥、农膜等。

规划可根据农户的生产情况，包括农作物类型、种植面积，考虑生长周期和农资供应现状，结合农业生产的计划，提出所需农资的种类、范围、供应量、品质；根据农资需求波动，提出农资储存管理措施，明确储存用房的位置、面积，确保农资保存质量。

208. 提供农业技术服务

 农业技术服务是为农户提供技术支持和服务的形式，包括农业机械使用维修和保养，各种农作物的播种、施肥和田间管理，各类病虫害的防治，收割和农作物产品的存储运输等。

规划通过了解农业生产情况、农户需求情况和技术服务现状，结合农业的发展需求，可提出所需的服务范围、服务内容、服务对象等。

209. 提供农机作业服务

 农机作业服务指农机服务组织、农机户为其他农业生产者提供的机耕、机播、机收、排灌、植保等各类农机作业服务，以及相关的农机维修、供应、中介、租赁等有偿服务。

规划通过了解村庄农作物的类型和农业生产条件，掌握农户在土地耕作、播种、收割、施肥等环节的农机需求和使用情况，提出村庄需要购置或租赁的农机设备类型和数量；根据村内现有的人才情况和农机技术水平，明确需要的农机作业技术和维修服务，提出需要的服务类型、服务频率等。

210. 提供农产品销售服务

答 农产品销售服务是为农户、农业生产者或农产品加工企业提供服务，包括农产品的收集、检验、分级与标准化、包装，以及与此相关的市场信息、资金供应、信用、保险等业务。

规划通过了解村庄农产品的生产情况、品种特点、销售情况和存在问题，提出村庄农产品销售服务措施。包括塑造农产品品牌形象，设计特有的品牌标识和包装，传递产品故事和品质；引入农产品质量标准和认证体系，建立严格的产品质量控制体系，按照标准和体系要求生产农产品；组织本村农产品参加农产品展销会、农产品直供活动等。

211. 提供农业市场信息服务

答 农业市场信息服务是指通过收集、整理、分析和传递相关的农业市场信息，为农业参与者提供有关农产品价格、市场需求、供应链信息、营销策略等方面的专业服务。

规划应分析村庄市场信息服务现状、特点和需求，结合产业发展目标，明确市场信息服务对象，如农民、农业企业、社会组织；服务内容，如提供市场行情分析、价格预测、供需信息；服务方式，如互联网、手机 App、电视等媒介。

212. 建设农产品流通体系

答 农产品流通体系是采取现代组织方式，解决农产品生产、销售过程中涉及市场和信息、中介组织和龙头企业、科技推广和应用、农产品加工、包装和经营，以及市场检测和检疫等系列问题。包括农产品集散地、粮食收储供应安全保障工程、冷链物流配送、快捷高效配送和电子商务等内容。

农产品流通体系涉及生产销售的多个环节，具有分散性、季节性的特点，需要县级行业主管部门根据当地农业生产流通的需求和特点，统筹安排、统一规划。

213. 建设农产品集散地

答 农产品集散地是在特定的地区或场所，为农产品提供集中交易、储存和分配，是连接农民和消费者的桥梁。建设农产品集散地主要是为解决农产品供需矛盾，当村庄农产品产量较高、市场需求不足时，通过农产品集散地促进农产品的流通和销售。

规划应提出农产品集散地的选址，如通过分析县域农产品集散场地布局，选择靠近主要交通枢纽、公路、铁路、港口等，还应考虑周边农产品生产基地的布局情况；明确集散地的范围和规模；确定配套设施的类型、容量、规模和标准，如农产品仓库、冷链设施、加工车间，运输车辆、货运设备和仓储设施等。

214. 建设粮食收储供应安全保障工程

答 粮食收储供应安全保障工程简称为粮安工程，是为保持粮食供求基本平衡和价格基本稳定，促进粮食增产农民增收和粮食流通现代化，确保国家粮食安全而实施的工程，主要内容包括建设粮油仓储设施、打通粮食物流通道、完善应急供应体系、保障粮油质量安全、强化粮情监测预警、促进粮食节约减损等。

村庄粮安工程建设需以国家《粮食收储供应安全保障工程建设规划（2015—2020 年）》为依据，根据上级政府的统一安排，实施相应措施。规划应调查国家粮食收购和储备政策落实情况，了解政策落实过程中存在的问题，了解农民对于粮食收购和储备方面的需求；明确粮食收储设施的建设位置、规模和标准，包括改造危仓老库、建设应急低温储备库和提升仓储设施技术水平；建设放心粮油基地，明确基地的建设位置、建设规模、种植种类等。

215. 建设冷链物流配送体系

答 冷链物流配送指在商品生产、储存、运输和销售过程中，通过低温控制和保鲜技术，确保商品在适宜温度条件下进行运输和储存的系统，为农产品提供高效、可持续的冷链配送服务。

冷链物流配送体系建设要"以县城为中心、中心集镇为集散、向乡村辐射"的冷链物流骨干网络，建立县级物流仓储配送中心、乡镇级冷藏中心、农产品经营主体冷藏保鲜设施。根据县级政府的总体安排，提出相应的措施。

规划应明确冷链物流设施的类型，包括冷藏仓库、冷藏车辆、冷冻设备等，设施的数量、标准、建设地点和规模等。

216. 发展快捷高效配送

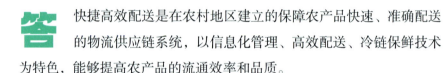

答 快捷高效配送是在农村地区建立的保障农产品快速、准确配送的物流供应链系统，以信息化管理、高效配送、冷链保鲜技术为特色，能够提高农产品的流通效率和品质。

物流配送应以区域为整体考虑，统一规划物流枢纽、配送路线等。村庄根据相关规划的要求，明确物流枢纽的建设地点、建设规模和建设标准，根据配送范围、时限和服务质量的要求，制定优化配送路线方案。

217. 发展农村电子商务

答 农村电子商务指的是围绕农村的农产品生产、经营而开展的一系列电子化的交易和管理活动，包括农业生产的管理、农产品的网络营销、电子支付、物流管理和客户关系管理等。村庄发展电子商务需要具备优质的农产品资源、健全的基础设施、良好的电商发展意识、村民之间的合作意愿和进行资源整合的能力等条件。

规划可提出发展电子商务所需的基础设施，包括设施的内容、建设地点、标准和规模，设施一般包括宽带网络、物流配送和支付结算等；电商人才，包括所需人才的数量、类型、档次。

218. 培育新产业新业态

 培育农村新产业新业态，是推动农业农村高质量发展的必然选择和提高农业现代化水平、拓展农业全产业链增值增效空间的客观要求，包括发展飞地经济、物业经济和数字经济等三个方面的内容。

219. 发展飞地经济

答 飞地经济是指相互独立、经济发展存在落差的行政地区打破行政区划限制，通过跨区域的行政管理和经济开发，实现两地资源互补、分工协作、互利共赢的一种区域合作发展模式。飞地经济主要在城中村、城边村等区位条件较好,土地被大量征用或者区域整体发展相对欠发达的村庄采用,通过选择交通便捷、土地资源广、自然条件好的村,将数个村的资金和项目整合在一起集中投资产业,将产生的经营性收益或资产性收益按照产权占比分配作为村集体经济。

规划应根据上级政府关于飞地经济发展的相关政策,在符合政策条件的情况下,利用税收、土地使用、行政审批等方面的优惠政策,提出是否具备发展飞地经济的建议;在具备条件的村庄,应明确飞地经济项目的名称、类型、建设地点、建设规模、建设标准、经营主体、利益分配机制等。

220. 发展物业经济

答 物业经济是通过对村庄内的土地、房屋和其他物业资源,进行开发、建设、销售、租赁等环节,实现社会效益和经济效益的活动,是有效利用集体资源、发展壮大集体经济、助力村庄经济发展的重要方式。村庄发展物业经济需具备优越的区位条件,位于交通便利、经济发达、人口密集的地区;周边丰富的资源,如自然资源、旅游资源、农产品或特色产业等;完善的基础设施等。

规划应对村庄现有存量资源进行调查,评估现有物业资源情况,如土地资源、建筑物和房屋资源、自然景观和环境资源、文化和历史遗产资源、人力资源和社会资源等,提出村庄物业经济的发展方向和目标;在具备条件的村庄,应提出物业经济的项目名称、类型,建设地点、建设规模、建设标准,经营主体、利益分配机制等。

221. 发展数字产业

答 乡村数字产业是利用现代信息技术、物联网、人工智能等数字化工具和平台，将数字技术与农村经济和产业相结合的产业形态，以改造和升级传统农业、农村工业和服务业，促进农村产业的转型升级和创新发展。村庄发展数字产业应具备完善的基础设施、数字产业相关人才、优势农产品资源等条件。

规划应提出村庄数字产业的发展方向和建议，明确数字产业的项目名称、建设内容、建设地点、建设规模、经营主体等。

222. 农产品品牌建设

答 农产品品牌建设是通过市场营销策略和品牌管理手段，为农产品赋予独特的品牌形象和价值，提升产品的市场竞争力和附加值的过程。品牌建设的基础是优质的农产品，包括地理标志农产品、有机农产品和特色农产品等，围绕品牌建设、品牌形象塑造、营销推广三个方面提出规划措施。

品牌建设方面，可从培育区域公用品牌、企业与农户共创企业品牌、加强农产品地理标志管理和农业品牌保护等方面提出措施。

品牌形象塑造方面，包括品牌名称、包装设计、标志标识等，根据农产品品牌培育情况，提出是否需要进行塑造的建议，针对需要进行塑造的，明确所需塑造的项目名称、设计内容、设计深度等。

营销推广是农产品品牌建设的关键环节，通过多渠道宣传推广，提高品牌知名度和美誉度，吸引更多的消费者购买。规划提出是否需要开展营销推广、实施农业品牌提升行动等活动，针对需要进行营销推广的，提出活动主题、活动内容、推广渠道等。

223. 增加集体经济组织收入

答 在现场调查阶段应查清集体资产情况，包括资产的类型、使用情况（比如闲置）、经营方式、经营效益等，盘清村庄家底。针对集体经济有一定基础，但经营情况不佳、生产资源要素单一、可经营项目不多的情况，围绕发展特色产业、拓宽经营领域和探索新模式三个方面提出规划措施。

发展特色产业方面，通过培育支柱产业、成立专业合作社、建立种养基地、推进农业产业化等措施，引进优势企业发展带动村级集体经济，实现村集体和企业共同发展，促进村级集体经济实力的增强。

拓宽经营领域方面，扩大集体经济产品或服务的种类和范围，探索以自主开发、出租、合作等方式，开展多元化经营，如农民合作社可以考虑拓展农副产品深加工、乡村旅游、农村电商等新兴产业。

探索新模式方面，引导集体经济组织培育新产业新业态，如飞地经济、物业经济和数字产业等。

224. 培育新型经营主体

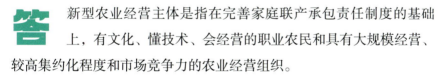

答 新型农业经营主体是指在完善家庭联产承包责任制度的基础上，有文化、懂技术、会经营的职业农民和具有大规模经营、较高集约化程度和市场竞争力的农业经营组织。

培育新型经营主体需按照国家相关政策，县级政府制定具体规定落实，本规划主要对政策落实情况提出建议，包括种植大户、专业合作社、农业龙头企业三类。

培育种植大户方面，种植大户有种植规模大、专业化程度高、经营管理技术先进的特点，是村庄农业生产中的重要角色。规划针对种植大户面临的种植技术不全面、种植经验缺乏、缺乏市场销路的情况，提出规划措施。包括提升种植水平、提供技术指导和培训、探索混合种植技术；提供政策支持，整合各类补贴，增加补贴力度，降低补贴门槛，向种植大户倾斜，建立、完善和创新针对大户的农业保险制度；推进组织建设，鼓励种植大户加入专业合作社，形成"产供加销"一条龙，"互联网＋农业"销售模式，实现线上线下融合发展。

发展专业合作社方面，专业合作社是由农民自愿组成、依法合法登记注册，以农业生产经营为主要活动内容，旨在实现农民利益最大化和农业经济效益提高的经济组织。规划针对合作社管理机制欠缺、技术水平不足、发展规模有限等问题，提出规划措施。包括完善内部管理机制，设立合作社理事会或监事会，明确管理体系和职责分工，制定章程和规章制度，规范合作社的运作；提供技术指导，组织专业人员为合作社提供农业技术指导和培训，提高合作社成员的种养技能和管理水平；鼓励资源整合，鼓励相关经营主体统一规划和组织，充分发挥资源的协同效应。

壮大农业龙头企业方面，龙头企业是农村地区具有较强实力和影响力的大型企业，通常跨越多个农业产业链条，整合资源，提供先进的管理、技术和营销手段，推动农村产业结构升级和农民增收。规划针对龙头企业发展动力不足、技术创新不够、利益联结不牢等问题，提出规划措施。包括提供专项资金补贴、专项贷款优惠、税收租金减免等支持，为龙头企业建立创新创业孵化基地；促进技术创新，引进现代农业技术和设备，促进农业生产的智能化和数字化，促进供应链优化、市场开拓、产品追溯等方面的数字化转型；优化利益联结机制，鼓励龙头企业采用多种组织形式，创建农民紧密参与的农业产业化联合体，拓宽农民多元化发展的创业、就业渠道，与农民建立更加稳定、更加长效的利益联结机制。

225. 落实利益分配机制

答 利益分配机制是在乡村产业发展过程中，对产生的收益进行合理分配的方式和规则，构建利益分配机制是为建立农业市场主体和农民收益联结机制，让农户尽可能多地分享增值收益。

利益分配机制需从县域层面统筹考虑，制定相关分配政策，规划主要对政策落实情况提出建议。包括以下方面：

一是建立利益相关方协作机制，成立乡村产业发展协调委员会或专业合作社，促进信息交流、资源整合和利益协调。

二是制定差异化分配机制，根据不同类型的产业和利益相关方的贡献度采取差异化的分配方式，引导各方选择合适的分配机制。

三是加强监督评估，建议各相关方通过建立有效的监督评估机制、投诉举报机制、开展第三方评估和内部审计等方式，确保利益分配机制的执行效果。

第七章
乡村建设规划

226. 乡村建设规划流程

227. 乡村建设规划依据

228. 乡村建设规划原则

229. 乡村建设规划方法

230. 乡村建设规划目标

231. 乡村建设规划措施

232. 村内道路

233. 停车场

234. 公交站点

235. 生活用水量

236. 消防用水量

237. 水源工程

238. 输配水管道

239. 雨水量

240. 排水工程

241. 台区负荷

242.10kV 变压器

243. 电力杆线

244. 信息基础设施

245. 防灾减灾设施

246. 消防设施

247. 行政管理设施

248. 托儿所

249. 幼儿园

250. 小学

251. 文体设施

252. 卫生室

253. 超市

254. 小商店

255. 快递点

256. 电子商务服务站

257. 金融服务站

258. 旅游服务站

259. 其他商业服务设施

260. 养老院

261. 日间照料中心

262. 残疾人康复中心

263. 公共墓地

264. 其他社会保障设施

265. 环卫设施

266. 厕所革命

267. 黑臭水体

268. 污水量

269. 污水管网

270. 末端污水处理设施

271. 村庄建筑

272. 公共空间

273. 绿化景观提升

274. 村庄小品

275. 户容户貌提升

276. 其他提升内容

277. 古树名木保护

278. 文化古迹保护

279. 农业投入品减量化

280. 农业废弃物处理

226. 乡村建设规划流程

答 乡村建设规划包括以下四项内容:

一是分析乡村建设现状及存在问题。根据现状调研的情况,分析乡村在基础设施、基本公共服务设施和人居环境等各类设施的配置情况;找出各类设施配套存在的短板与差距,包括是否配套完善,是否符合标准,是否满足要求。

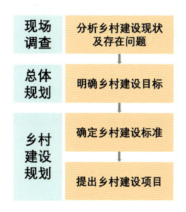

乡村建设规划流程

二是明确乡村建设目标。根据总体规划确定的村庄总体定位和发展目标,结合产业发展、乡风文明建设等其他专项规划的要求,明确在基础设施、基本公共服务设施和人居环境等方面的具体建设目标。

三是确定乡村建设标准。收集各类设施的相关规范和行业标准,各级政府出台的相关规定,根据设施配套情况,以村庄分类、规模等级为基础,明确村庄各类设施的配套要求,包括建设数量、建设标准、建设规模、建设地点等。

四是提出乡村建设项目。以问题为导向,对照标准,查漏补缺、巩固提升,提出各类设施和项目,明确各类设施的建设性质(新建或改建)、建设地点、建设规模、建设标准等。

其中，第一项内容在现状调查阶段完成，第二项内容在总体规划阶段完成，第三、四项内容是乡村建设规划阶段的重点任务。

227. 乡村建设规划依据

答 乡村建设规划的依据包括政策文件和相关标准等。

政策文件指各级政府出台的关于乡村建设相关的各类文件，包括乡村建设创建行动、乡村振兴示范村创建等内容，如《乡村建设行动实施方案》《农村人居环境整治三年行动方案》《农业农村部 国家乡村振兴局关于开展2022年"百县千乡万村"乡村振兴示范创建的通知》《农民参与乡村建设指南（试行）》《关于推进农村"厕所革命"专项行动的指导意见》。

相关标准指国家、省、市、区县各级政府出台的各类设施建设配套设计规范、标准、指南等指导性文件。包括美丽乡村创建、村庄规划导则、道路、给水、排水、供电、通信、环卫等基础设施相关专项标准，村级公共服务中心、小学、幼儿园、农村区域性养老服务设施、村域性公共服务设施相关配置标准和设计规范等，如《美丽乡村建设指南》（GB/T 32000—2015）、《村庄整治技术标准》（GB/T 50445—2019）、《小交通量农村公路工程技术标准》（JTG 2111—2019）、《公路交通安全设施设计规范》（JTG D81—2017）、《村镇供水工程技术规范》（SL 310—2019）、《建筑设计防火规范》（GB 50016—2014）、《地表水环境质量标准》（GB 3838—2002）、《住宅建筑电气设计规范》（JGJ 242—2011）、《关于健全完善村级综合服务功能的意见》、《社区生活圈规划技术指南》、《幼儿园建设标准》（TD/T 1062—2021）、《村卫生室建设标准》、《农村敬老院建设标准》、《幼儿园建设标准》（建标 175—2016）、《托育机构设置标准（试行）》、《托儿所、幼儿园建筑设计规范》（JGJ 39—2016）、《中小学校设计规范》（GB 50099—2011）、《农村普通中小学校建设标准》（建标 109—2008）、《乡镇卫生院服务能力标准（2022 版）》、《村卫生室服务能力标准（2022 版）》、《社区老年人日间照料中心建设标准》（建标 143—2010）、《老年人照料设施建筑设计标准》（JGJ 450—2018）、《残疾人康复机构建设标准》（建标 165—2013）、《就业年龄段智力、精神及重度肢体残疾人托养服务规范》（GB/T 37516—2019）、《无障碍设计规范》（GB 50763—2012）、《城市公益性公墓建设标准》（建标 182—2017）、《农村公益性公墓建设规范》（DB 34/T 4180—2022）、《镇（乡）村给水工程技术规程》（CJJ 123—2008）等国家标准、地方标准和行业标准。

228. 乡村建设规划原则

答 乡村建设规划的原则包括以下四条：

一是遵循村庄本底。乡村建设的对象是乡村，就必须遵循乡村的自然环境、农耕文化和生活方式，不能盲目参照城镇标准来做规划。但对于位于城镇周边、区位优势明显的村庄，可以承接城镇功能的延伸，建设标准可以参照城镇执行。

二是遵循发展阶段。习近平总书记强调："规划失误是最大的浪费，规划折腾是最大的忌讳。"规划要遵循经济社会发展规律，按照村庄所处的发展阶段，因地制宜、高低有别，不能超越发展阶段搞大融资、大开发、大建设。

三是遵循相关规定。规划项目要跟国家政策和规定保持一致，建设项目选择以普惠性、基础性、兜底性民生建设为重点，解决突出问题，保证基本功能，如村级道路要向户延伸，而不是想当然地策划不切实际的项目。

四是为农民而建。项目策划要以农民的生产生活需求、发展意愿为依据，从提升农民的获得感、幸福感、安全感的角度，充分征求农民的意见，而不是一味追求脱离农民意愿的"政绩"。

229. 乡村建设规划方法

答 乡村建设规划方法包括以下三条：

一是查漏补缺，提质增效。根据现场调查情况，认真梳理现状各类设施和人居环境存在的问题，以普惠性、基础性、兜底性民生项目建设为重点，补缺补差、配齐各类设施。根据村庄发展需要确定设施配置标准，坚持数量服从质量、进度服从实效，求好不求快，提高基础设施和基本公共服务设施配置率、质量，改善村庄人居环境。

二是立足特色，量力而行。规划要立足农村特点，保留具有本土特色和乡土气息的乡村风貌，尽可能在原有村庄形态上改善居民生活条件，突出地域特色和乡村特点，防止机械照搬城镇建设模式，打造各具特色的现代版"富春山居图"。项目投资要在政府财力可持续和农民可承受的基础之上，以免给政府和群众造成负担，出现债务风险。

三是节约集约，连片打造。设施规划建设过程中要节约集约用地，结合零星、闲置、低效建设用地和空置用房进行再利用，尽量减少新增建设用地。将村庄及周边区域作为有机整体，整合资源、统筹布局、共建共享如交通、水利、能源、通信等各类设施，避免资源浪费，提升公共设施服务效率。

230. 乡村建设规划目标

乡村建设目标是对总体规划确定的目标中，关于乡村建设目标的细化，包括总体目标和具体目标。

总体目标是对乡村建设规划的整体效果、基础设施、基本公共服务设施和人居环境建设的建设目标进行概括性说明。例如：基础设施和基本公共服务进一步完善，农村生活设施便利化初步实现，城乡基本公共服务均等化水平明显提高，人居环境进一步改善。

具体目标是根据相关标准和村庄建设现状，提出具体的、可量化、能获取的指标，如道路硬化率、自来水覆盖率、生活饮用水保证率、5G 网络覆盖率、燃气新能源普及率、体育设施配置率、卫生室普及率、快递服务网点普及率、垃圾收集率、生活污水处理率等。

231. 乡村建设规划措施

根据乡村建设的方向，规划按照基础设施、基本公共服务设施和人居环境三个方面提出措施。

基础设施是为社会生产和居民生活提供公共服务的物质工程设施，

乡村建设措施

基础设施
- 道路设施
  - 村内道路
  - 停车场
  - 公交站点
- 供水工程
  - 生活用水量
  - 消防用水量
  - 水源工程
  - 输配水管道
- 雨水工程
  - 雨水量
  - 排水工程
- 电力设施
  - 台区负荷
  - 10kV变压器
  - 电力杆线
- 信息基础设施
- 防灾减灾设施
- 消防设施

基本公共服务设施
- 行政管理设施
- 教育设施
  - 托儿所
  - 幼儿园
  - 小学
- 文体设施
- 卫生设施
  - 卫生室
- 商业服务设施
  - 超市
  - 小商店
  - 快递点
  - 电子商务服务站
  - 金融服务站
  - 旅游服务站
  - 其他商业服务设施
- 社会保障设施
  - 养老院
  - 日间照料中心
  - 残疾人康复中心
  - 公共墓地
  - 其他社会保障设施

人居环境
- 环卫设施
- 厕所革命
- 污水工程
  - 黑臭水体
  - 污水量
  - 污水管网
  - 末端污水处理设施
- 村庄环境
  - 村庄建筑
  - 公共空间
  - 绿化景观提升
  - 村庄小品
  - 户容户貌提升
  - 其他提升内容
- 古树名木保护
- 文化古迹保护
- 生态环境
  - 农业投入品减量化
  - 农业废弃物处理

是用于保证国家或地区社会经济活动正常进行的公共服务系统。基础设施包括道路设施、供水工程、雨水工程、电力设施、信息基础设施、防灾减灾设施和消防设施。

基本公共服务设施是为维持本国经济社会的稳定、基本的社会正义和凝聚力，保护个人最基本的生存权和发展权，为实现人的全面发展所需要的基本社会条件。基本公共服务设施需要做到三个基本点：一是保障人类的基本生存权，二是满足基本尊严和基本能力的需要，三是满足基本健康的需要。基本公共服务设施包括行政管理设施、教育设施、文体设施、卫生设施、商业服务设施、社会保障设施。

人居环境是指在乡村的这一特定的地域范围内进行一定的生产、生活、消费和交往等活动。乡村人居环境包括环卫设施、厕所革命、污水工程、村庄环境、古树名木、文化古迹、生态环境。

232. 村内道路

答 村内道路是村组之间、自然村之间的联系通道，是为居民出行、交流和活动的基础设施。村内道路包括主要道路、次要道路、宅间道路。村内道路建设标准，全国并没有统一规定，可以以各省相关部门出台的规范、标准、技术导则为依据。

主要道路红线宽度为 8 ~ 15m，路面宽度不宜小于 6m；次要道路（村内各区域与主要道路的连接道路）红线宽度为 5 ~ 10m，路面宽度不宜小于 4m；宅间道路（村民宅前屋后与次要道路的连接道路）红线宽度为 3 ~ 5m，路面宽度不宜小于 2.5m。村内道路硬化率 100%。

遵循安全、适用、环保、耐久的原则，根据调查情况，提出规划道路的名称、等级、起止地点、建设性质（改造、扩建、新建）、红线宽度、路面宽度、路面材料、服务范围等内容，并标绘在图上。

233. 停车场

答 停车场是在村庄内专门用于临时停放车辆的区域或设施，为居民和访客提供停车服务。当村庄周边有旅游景点、靠近交通枢纽、村内定期或不定期举行集市或其他活动等情况，可设置专用客车停车位。

停车位建设标准参考《城市道路路内停车泊位设置规范》，停车场建设标准参考《村镇停车位设计标准》，停车场内交通标志和交通标线按照《道路交通标志和标线》（GB 5768—86）的规定。

停车位尺寸根据车型大小来确定，小车停车位：长度大于等于5m，宽度2.2 ~ 2.5m；大车停车位：长度7 ~ 10m，宽度4m，具体视车型而定，停车位高度为大于 1.8m。当车位大于 50 个时，出入口不应少于 2 个；当车位大于 500 个时，出入口不应少于 3 个。出入口之间的净距应大于 10m，出入口宽度不应小于 7m。专用客车停车位可考虑停车场的绿化造景，风格设计可与乡村旅游区的整体环境相协调融合。

规划应遵循安全、实用、便利、环境友好的原则，根据满足居民和访客的停车需求及村庄用地布局，提出需要建设的停车场名称、建设地点、建设性质、建设规模、配套设施（如监控系统、充电桩、无障碍设施等）、服务范围等内容。

234. 公交站点

答 公交站点是在乡村地区公共交通系统中，为居民提供上下车、换乘和等候乘车的设施，是连接乡村地区与其他地区联系的交通枢纽。设置公交站点应考虑村庄及周边地区的经济发展情况、人口集聚程度，或是有重要的公共服务设施等情况，一般由县级政府根据全域整体情况统筹规划。

公交站点设置没有统一的国家标准，各地根据自身经济社会发展和人口分布情况按需配置。根据嘉兴市地方标准《镇村公交场、站设置规范》（DB 3304/T 014—2018）的要求，公交站点应设置在公共交通线路沿途所经过的客流集散点上（如自然村、工厂、学校、商业网点等），并宜与其他交通方式衔接。站点应设置站牌、站台、停车区、候车区，有条件的可增设候车亭等设施或建成港湾式候车亭站。

规划遵循便捷、安全、经济原则，根据居民出行需求，提出规划公交站点的名称、建设地点、配套设施、服务范围等内容。

235. 生活用水量

答 生活用水量计算参考《村镇供水工程技术规范》（SL 310—2019）。

居民生活用水量（Q_1）：按村庄人口规模计算生活用水。人均生活用水标准，可参考《村镇供水工程技术规范》（SL 310—2019）合理确定。

公用建筑用水量（Q_2）：取生活用水量的 10% 计算。

浇洒道路和绿化用水量 Q_3：取生活用水量的 5% 计算。

管网漏失及未预见水量（Q_4）：按生活用水量和公建用水量之和（Q_1+Q_2）的 15% 计算。

最高日用水量 $Q_d = Q_1+Q_2+Q_3+Q_4$。

最高日最高时用水量 $Q_h = K_h \cdot Q_d / 24$，K_h 为时变化系数，取 2.5。

输水管和管网按最高日最高时用水量 Q_h 计算。

236. 消防用水量

答 当给水管网比较完善、供水量充足、能满足消防用水量要求时，室外消防给水管网及消火栓的设计应符合现行国家标准《建筑设计防火规范》（GB 50016—2014）。给水干管上每隔120m设室外地下式消火栓一座。

当给水管网不能满足消防用水量要求时：①宜充分利用居民点附近的江河、湖泊、堰塘、水渠等天然水源作为消防给水。②无天然水源或给水管网不能满足消防用水时，宜设置消防水池；寒冷地区的消防水池应采取防冻措施。

根据《村镇建筑设计防火规范》（GBJ 39—90）规定，消防用水量可按1次火灾持续时间2小时，消防用水流量可按10L/s计算。一次消防用水量为：$V_x=10 \times 2 \times 3600 \div 1000=72m^3$。

237. 水源工程

答 解决农村饮水安全是民生的关键，更是乡村振兴的重要任务。水源工程是为乡村地区提供安全、可靠的饮用水和生活用水资源的保证，水源选择应符合水质良好、便于卫生防护，水量充沛，符合当地水资源统一规划管理的要求，并按优质水源优先保证生活用水的原则。

村庄水源可选择地下水。若附近有可以利用的自来水管网，村庄可并网取水。若有江河、湖泊、运河、渠道、水库和山泉等水量较充沛、水质良好的地表水源，亦可根据实际情况，参照《地表水环境质量标准》（GB 3838—2002）选用地表水源。

采用地下水源时，利用管井取水、无塔供水方式，即在村庄内打水井，通过水泵将源水引入无塔压力罐，由管网输送到居民点内各用户。提出井深、无塔压力罐容积，其中：井深主要结合县域农村饮水现状调查评估报告、水利区划报告及村庄周边村庄农村安全饮水工程建设情况综合确定。无塔压力罐常规容积有 3t、5t、10t、15t、20t、30t、40t、50t、100t，按《村镇供水工程技术规范》（SL 310—2004）规定计算后，选取相近的无塔压力罐。

采用接入自来水管网时，提出从城镇自来水管网接口处至村庄的输水干管管材、管径、长度等指标。

采用江河、湖泊、水库、山泉等水量较充沛、水质良好的地表水源时，对于修建抽水泵站的，提出泵站装机容量；修建渠道从某处引水时，提出渠道建筑材料、断面尺寸、长度；修建蓄水池的，则提出蓄水池容积；需要修建高塔的，水塔按最高日用水量 $Q_d/2$ 计算后，水塔规格采用国家标准图集，不足 $15m^3$ 的按 $15m^3$ 选取。

238. 输配水管道

 输水管网是连接水源和用水点的管道系统，用于输送和分配水资源到用水点。

根据村庄现有输水管网的调查情况，输水管网建设主要存在管网漏损和老旧管网提升改造两个方面的问题，主要采取新建方式。

供水管分主管和支管。主管沿主街道一侧布设，配水管网以树枝状布置。管径计算公式为：$d=\sqrt{\dfrac{4Q_h}{\pi v}}$。式中：$d$ 为管径，mm；v 为管内流速，取 0.7m/s；Q_h 为计算流量，m³/s，为最高日最高时用水量。在选择管径时，必须考虑壁厚。

供水主管管径确定：当村庄人口规模不大，供水干管流量直接采用最高日最高时用水量 Q_h。当计算的（主管管径 d + 壁厚）< 50mm 时，取 50mm。设有室外消防栓的给水管网，主管末端管径不得小于 100mm。

配水管管径确定：计算流量采用分段的最高日最高时用水量，按上述公式计算并考虑壁厚后，选择相近管径。由于村庄人口规模不大，且便于施工，一般情况下配水管径差别不要太大。

输水管道管材根据各地农村安全饮水要求及工程建设情况具体确定。

239. 雨水量

 计算雨水量是雨水工程的基础。

雨水量按下列公式计算：

$$Q = \varphi \cdot q \cdot F$$

式中：Q 为雨水量；F 为排水面积；φ 为径流系数，取 0.4 ~ 0.6；q 为暴雨强度（取各地气象水文资料雨量计算手册）。

240. 排水工程

答 包括村庄内雨水排放和村庄外雨水排放两部分。

村庄内雨水排放，主要通过院落→宅前路→支路→主路排至点外已有的沟渠、堰、河流。根据村庄地势和自然地形条件，结合建设现状，按照简洁适用的排水方式，提出排水设施的项目名称、建设位置、建设性质、规格尺寸、长度等内容。

村庄外雨水排放，一般都选在公路、排水沟渠附近，遵循雨水就近排放的原则，提出新建、疏浚或者整理硬化现有排水沟的，提出排水设施的名称（如排水管道、沟渠）、建设地点、规格尺寸、长度等。

241. 台区负荷

答 台区指一台变压器服务的区域，一个村庄就是一个台区。

台区负荷由生活用电、公建用电组成。台区居民用电标准，全国没有统一的规定，可根据当地电网常规配置，用电负荷测算可参考《住宅建筑电气设计规范》（JGJ 242—2011）。例如：村内每户用电标准定为4kW，公建用电可按居民用电的5%计算，大型及特大型以上村庄水泵电气负荷、学校电气负荷标准可结合村庄实际确定，工业及农业生产用电在农业基础设施中考虑。

242. 10kV 变压器

答 根据现有变压器的供电能力，按照区域供电负荷的总体安排，确定村内是否增设 10kV 变压器。需要增设的，根据计算结果，参照配电变压器容量规格型号，按相应一级的额定容量选取变压器，提出变压器的台数（台）、每台变压器的容量（kVA）等。目前，农村变压器型号推荐采用 S11—MR 型卷铁芯变压器型，额定容量有 30kVA、50kVA、63kVA、80kVA、100kVA、125kVA、160kVA、200kVA、250kVA、315kVA 等。

243. 电力杆线

 根据村内现状电力杆线的敷设现状，尤其是空中"杂乱密"，农村线缆"蜘蛛网"的问题，对杆线提出整治意见。对于已废弃不用的电力杆线彻底予以拆除，对裸露在外的凌乱网线理顺捆绑整齐，对能够并杆并线的积极协商、妥善处理；针对电杆倾斜、废弃杆线残留、入户线违章搭挂等三类安全隐患问题，实行重点整治。

244. 信息基础设施

答 按照网络全覆盖的原则，结合建设现状、专业规划，从提升质量方面，提出是否需要新建基站、是否需要网络改造升级等方面的措施。

基站：根据区域通信需求和发展情况，提出基站的名称、类型、配套设备、动力供应、基站容量、建设地点等。

网络改造升级：提出线路名称、类别、等级、敷设方式（架空、地埋、管道）、线路容量、长度、杆材材质等。

245. 防灾减灾设施

答 根据防洪排涝、地震和地质灾害隐患情况，结合县（市、区）、乡镇（街道）提供的地质灾害隐患点分布图，划定灾害影响范围和安全防护范围，提出预防和应对防治灾害危害的措施，提出各项措施对应的项目名称、建设地点、建设材料、断面尺寸、长度。对需要修建应急避难场所（应结合学校、活动场地等开敞空间布局）、救援疏散通道和应急仓库的，提出项目名称、建设位置、建设内容、建设标准、建设规模等。

246. 消防设施

答 村庄建筑物按其类型和布局间距考虑消防要求。

原则上，宜充分利用江河、湖泊、堰塘、水渠等天然水源作为消防给水水源。无天然水源，当给水管网比较完善、供水量充足、能满足消防用水量要求时，室外消防给水管网及消防栓的设计应符合现行国家标准《建筑设计防火规范》（GB 50016—2014），消防栓应尽量布置在学校、村委会等公用建筑附近，间距不大于 120m 设室外地下式消火栓一座。无天然水源或给水管网不能满足消防用水时，宜设置消防水池，提高消火栓数量和消防水池容积。

247. 行政管理设施

答 行政管理设施是为有效管理村庄事务、提供行政管理和公共服务的设施，是乡村社会治理的基础设施，具有组织、协调和管理乡村事务的功能。村庄行政管理设施没有国家统一标准，各地结合自身情况出台了地方标准。一般每个行政村应设置一处村委会（党群服务站）及一处农村公共服务站，两者可集中合设。

村委会（党群服务站）应设置于人口集中、交通便利的区域，宜与其他村级行政管理、公共服务、医疗卫生设施等邻近设置。包括村委会办公用房、民主议事厅、党群服务大厅、活动室、图书室、会议室及村监控室等；村委会建筑面积应不小于200m²；党群服务大厅宜设于首层。

农村公共服务站选址与村委会（党群服务站）要求相同，包括农村的公共服务、公益服务和部分便利服务项目。有条件的村庄还可设置产业服务站、旅游服务站等。建筑面积应不小于100m²。

规划结合调查情况，对标建设标准，对需要增加或者改造的行政管理设施，提出项目名称、建设地点、建设性质、占地面积、建筑结构及面积等。

248. 托儿所

答 托儿所是乡村地区用于专门照顾和培养婴幼儿生活能力的地方，主要功能是代替父母照顾婴幼儿，为其提供安全、关爱和教育。托儿所规划可参考《托育机构设置标准（试行）》《托儿所、幼儿园建筑设计规范》（JGJ 39—2016）。

托儿所设置应综合考虑区域发展特点，根据经济社会发展水平、工作基础和群众需求，科学规划，合理布局，鼓励通过市场化方式，采取公办民营、民办公助等多种形式经营。

托儿所宜与幼儿园合设，一般非独立用地。其中6、9班幼儿园中宜加设1个托儿班；12、15、18班幼儿园中宜加设2个托儿班。托儿所一般建筑面积600～800m²，使用独立用地时，宜有每班不少于60m²的室外游戏场地。

规划对需要新建或者改建的托儿所，提出项目名称、建设地点、建设性质、占地面积、建筑结构及面积、托育规模、功能设置等。

249. 幼儿园

答 幼儿园是在乡村地区为幼儿提供教育和服务的机构，能为乡村居民提供学前教育和服务，缩小城乡教育差距。幼儿园规划应参考《幼儿园建设标准》（建标 175—2016）。

幼儿园设置应符合当地学前教育发展规划，结合人口密度、人口发展趋势、城乡建设规划、交通、环境等因素综合考虑、合理布局。农村幼儿园宜按照行政村或自然村设置，办园规模不宜少于3班。宜设在集镇或毗邻乡村中小学，应避开养殖场、屠宰场、垃圾填埋场及水面等不良环境，选择地质条件较好、环境适宜、空气流通、日照充足、交通方便、场地平整、排水通畅、基础设施完善、周边绿色植被丰富、符合卫生和环保要求的宜建地带。

幼儿园应有门卫室、活动室、睡房、洗手间、食堂、教师办公室等用房；宜有户外活动场所与集中绿地。一般幼儿园平均 30 生 / 班，人均用地面积 13m²/ 生，人均建筑面积 8m²/ 生，户外活动场地生均使用面积宜 ≥ 4m²/ 生。

规划根据县级学前教育发展规划，结合村庄现场调查情况，对需要新建或者改建的幼儿园，提出项目名称、建设地点、建设性质、占地面积、建筑结构及面积、建筑设备，办学规模、师资情况等。

250. 小学

答 小学是为乡村地区提供义务教育阶段教育服务的机构，通常覆盖小学 1 ~ 6 年级的课程。小学规划可参考《中小学校设计规范》（GB 50099—2011）、《农村普通中小学建设标准》（建标 109—2008）。

小学设置应符合当地中小学教育设施规划，综合考虑农村经济发展水平、城镇化推进程度和人口发展规划等合理确定。

小学应为独立用地，布置在交通方便、位置适中、良好日照与自然通风、地势较高、场地干燥、排水通畅、无各类污染的场地，同时应避开其他自然灾害地段。一般分为初级小学（仅有低年级）、完全小学两类。初级小学宜为 4 班，30 人 / 班；完全小学宜为 6 班、12 班、18 班，45 人 / 班，根据学校规模合理确定建筑用地、运动场地和绿化用地。

规划对需要新建或者改建的小学，提出学校名称、建设地点、建设性质、占地面积、建筑面积、教学规模、教职工人数和教学设施等。

251. 文体设施

答 文体设施包括综合文化活动室、老年人活动室、农家书屋、文化活动广场、健身场地等设施和场所。村庄文体设施没有国家统一标准，各地结合自身情况出台了地方标准。文体设施规划宜选址在村镇中心位置，配建广场、绿地、停车场等，可与其他公共服务设施集中布置，形成村镇活动中心。

综合文化活动室、老年人活动室、农家书屋通常一同设置，不单独安排用地。综合文化活动室和老年人活动室一般按人均用地面积 0.3 ~ 1.5m^2，人均建筑面积 0.15 ~ 0.7m^2 配置；农家书屋根据实际情况设置，一般建筑面积不小于 40m^2。规划提出设施名称、建设位置、建筑面积、主要功能、服务对象、服务范围等。

文化活动广场通常为综合文化服务中心附设，可与健身场地合设。一般广场含 1 个标准篮球场，2 个乒乓球台，可根据需要增加戏台、羽毛球场等。管理建筑及游览、休憩、服务、公用建筑用地不大于总用地的 3%，建筑面积不超过总用地的 6%。文化广场的铺装材料宜与周边建筑风貌及环境和谐统一，灵活布置休闲座椅、休闲器械，满足人的观景、交谈、游憩等活动需求。规划提出广场的建设位置、建设面积、主要功能、配套设施面积、服务对象、服务范围、停车位位置及数量等。

健身场地可与文化活动广场合设，也可独立设置，宜与综合文化服务中心相结合布置。当单独设置时，场地应具备塑胶地面、单双杠及其他健身器材等，宜结合村庄绿化景观、健身设施布置遮阳、避雨的休憩座椅。规划提出广场位置、广场面积、建设标准、配套设施等。

252. 卫生室

答 卫生室是乡村地区设立的基层医疗卫生机构，为乡村居民提供基本的医疗和卫生服务。村卫生室规划可参考《乡镇卫生院服务能力标准（2022 版）》《村卫生室服务能力标准（2022 版）》。

每村应配备一处标准化卫生室，应设于交通便捷、地势较高、采光通风条件较好的场地，可结合村委会、文化室、计生站等集中设置，合设时应布置在首层并方便对外出入。

因各地具体规定不同，卫生室的建设标准应遵循地方的规定。一般应设有诊察室、处置室、治疗室、计划免疫接种室、妇幼保健室，按人均用地面积 $0.1 \sim 0.3m^2$，人均建筑面积 $0.08 \sim 0.2m^2$ 配置，建筑面积不小于 $80m^2$。

规划提出卫生室的建设地点、建设性质、占地面积、建筑面积、功能设置、配套设施、专业人员类型及数量、服务范围等。

253. 超市

答 超市是乡村地区的大型零售商店，为乡村居民提供商品和服务，满足日常生活需求，同时也为当地农产品销售提供了更多的渠道。建设地点超市宜布置在交通便捷、居住人口集中的区域，宜与其他建筑综合设置或独立设置，一般可设在居住建筑首层。建筑面积一般为 100 ~ 200m²。

结合现场调查，评估超市是否满足需要。不满足需要的，进行新建或改建，提出项目名称、建设位置、建设性质、占地面积、建筑结构、建筑面积、服务范围等。

254. 小商店

答 小商店是乡村地区的小型零售商店，通常由当地居民或家庭经营，为当地居民提供便利的购物渠道。乡村小商店内宜布置在居住人口集中的区域，小商店的规模和面积相对较小，选址较之超市更为灵活，宜设在居住建筑首层。建筑面积一般为 60m² 左右。

结合现场调查，评估小商店是否满足需要。不满足需要的，进行新建或改建，提出项目名称、建设位置、建设性质、占地面积、建筑结构、建筑面积、服务范围等。

255. 快递点

答 快递点是乡村地区用于处理和派送快递包裹的服务点，为居民提供快递服务，满足乡村地区居民的快递需求。乡村快递点宜布置在交通便捷、居住人口集中的区域，宜设在建筑首层，核心服务半径一般控制在800m内。快递收发点前应留出充足的空地，以满足收发快递的需求，有条件的村庄可设智能快递箱。快递点建筑面积一般为30m²。

结合现场调查，评估快递点是否满足需要。不满足需要的，进行新建或改建，提出项目名称、建设位置、建设性质、占地面积、建筑结构、建筑面积、服务范围等。

256. 电子商务服务站

答 电子商务服务站是为农村居民提供电子商务服务的机构,具备商务平台注册、商品展示、交易、物流配送等功能,宜结合综合公共服务站、快递收发点、金融服务站、旅游服务站等设施综合设置,可包括商品接件区、代购代销展示区、办公区等。一般建筑面积为100m^2。

结合现场调查,根据电子商务产业发展需要,进行新建或改建,提出项目名称、建设位置、建设性质、占地面积、建筑结构、建筑面积、服务范围等。

257. 金融服务站

答 金融服务站是为农村居民提供金融服务的机构,可以提供包括储蓄、贷款、保险、支付结算等金融产品和服务,宜结合综合公共服务站、快递收发点、电子商务服务站、旅游服务站等设施综合设置,可包括存取款一体机、办公室等。一般建筑面积为60m^2。

结合现场调查,根据产业发展需要,进行新建或改建,提出项目名称、建设位置、建设性质、占地面积、建筑结构、建筑面积、服务范围等。

258. 旅游服务站

答 旅游服务站是为游客提供旅游服务的机构，包括旅游咨询、景点介绍、导游服务、住宿、交通等，宜布置在交通便捷的村入口区域，应充分考虑周边交通组织及旅游资源布点情况。宜结合综合公共服务站、快递收发点、电子商务服务站、金融服务站等设施综合设置。一般建筑面积为100m²，根据村庄旅游条件可酌情增减标准。

结合现场调查，根据乡村旅游业发展需要，进行新建或改建，提出项目名称、建设位置、建设性质、占地面积、建筑结构、建筑面积、服务范围等。

259. 其他商业服务设施

答 其他商业服务设施还包括农贸市场、物流配送设施、文化娱乐设施等，需结合现场调查和村庄需求设置。规划应提出进行新建或改建，提出项目名称、建设位置、建设性质、占地面积、建筑结构、建筑面积、服务范围等。

260. 养老院

答 养老院是为老年人提供居住、护理和养老服务的机构和场所，规划可参考《特困人员供养服务设施（敬老院）建设标准》（建标 184—2017）、《养老设施建筑设计规范》（GB 50867—2013）、《社区养老服务设施建设规范》（DB 50/T 866—2018）。

养老院设置应遵循国土空间总体规划等上位规划，当地养老服务设施建设等专项规划，综合考虑经济社会发展水平、因地制宜，合理确定建设必要性和建设档次。

养老院宜为独立用地，应布置交通便利、日照充足、通风良好、相对独立且便于老年人使用的位置，应远离污染源、噪声源、危险品生产储运、垃圾站、殡仪馆等邻避设施，可与村委会、卫生站等设施邻近设置。应包括起居室、配餐室、日托室、办公室等用房。以村每千人 2 床位控制，建筑面积按 15 ~ 20m²/ 床、用地面积按 25 ~ 30m²/ 床设置。

规划结合调查情况，对标上位规划和专项规划，对需要增加或者改造的养老院，提出项目名称、建设位置、建设性质、占地面积、建筑结构、建筑面积、护理和管理人员需求等。

261. 日间照料中心

答 日间照料中心是为乡村生活不能完全自理、日常生活需要一定照料的半失能老年人提供膳食供应、个人照顾、保健康复、休闲娱乐等日间托养服务的设施，规划可参照《社区老年人日间照料中心建设标准》《老年人照料设施建筑设计标准》（JGJ 450—2018）和各地出台的地方标准。

日间照料中心设置应遵循相关文件和规划要求，根据老年人口的数量和实际需求出发，综合考虑经济社会发展水平，按照资源整合和共享的原则，统一规划、合理布局。

日间照料中心可结合养老院和卫生室设置，选择服务对象相对集中，交通便利，供电、给排水、通信等市政条件较好，环境安静，与高噪声、污染源的防护距离符合有关安全卫生规定的位置。应包括老年人的生活服务、保健康复、娱乐及辅助用房，符合老年人建筑设计规范、标准的要求。

规划结合调查情况，对需要增加或者改造的日间照料中心，提出项目名称、建设位置、建设性质、占地面积、建筑结构、建筑面积、护理和管理人员需求等。

262. 残疾人康复中心

答 残疾人康复中心是为乡村地区残疾人提供康复治疗、康复训练、康复辅助起居、职业培训等服务的社会服务机构，规划可参考《残疾人康复机构建设标准》（建标 165—2013）、《就业年龄段智力、精神及重度肢体残疾人托养服务规范》（GB/T 37516—2019）、《无障碍设计规范》（GB 50763—2012），以及各地出台的地方标准。

残疾人康复中心应根据经济社会发展规划和残疾人数量、分布状况及服务需求等情况设置。

残疾人康复中心应充分考虑残疾人的特殊性，选择方便残疾人及其家属出入、交通便利、日照充足、通风良好、无各类污染的地段。房屋建筑宜为三层或三层以下；与其他建筑合并建设时，应设置于合建建筑的低层部分，且有独立的出入口。根据规定，建设级别寄宿制"二级，床位数 80 ~ 240 张区间"，建筑面积指标数不少于床均 $36m^2$；机构设置床位数大于 250 张，寄宿制"三级，床位数 250 张以上区间"，建筑面积指标数不少于床均 $39m^2$。

规划结合调查情况，根据政府要求和行业规范，对需要增加或者改造的残疾人康复中心，提出项目名称、建设位置、建设性质、占地面积、建筑结构、建筑面积、护理和管理人员需求等。

263. 公共墓地

答 公共墓地是为城乡居民提供安葬骨灰和遗体的公共设施，规划可参考《城市公益性公墓建设标准》（建标 182—2017）、《农村公益性公墓建设规范》（DB 34/T 866—2018）。

公共墓地应符合国土空间总体规划，结合居民丧葬需求，由政府统一布局。公共墓地选址应在荒山瘠地和不宜耕种的土地，并充分征求当地村民意见，不应在公路、铁路、高速公路近侧和水源保护区、文物保护区、风景名胜区、基本农田保护区内选址。

农村公益性公墓占地面积不得超过 50 亩，骨灰安葬单穴占地面积不得超过 $0.5m^2$，双穴不得超过 $0.8m^2$，土葬改革区遗体墓穴占地面积不得超过 $6m^2$。墓区基本功能应包括祭扫服务区、骨灰（遗体）安葬区、业务办公区。墓区道路出入口不少于 2 个，出入口最小宽度不少于 6m。

规划结合调查情况，对需要增设公共墓地的，提出项目名称、建设位置、建设性质、占地面积、服务范围等。

264. 其他社会保障设施

答 其他社会保障设施还包括社会救助站、留守儿童中心、儿童福利院、红白礼事厅等，需结合现场调查和村庄需求设置。规划应提出进行新建或改建，提出项目名称、建设位置、建设性质、占地面积、建筑结构、建筑面积、服务范围等。

265. 环卫设施

答 环卫设施是对乡村居民日常生活产生的垃圾进行处理的过程，规划可参考《环境卫生设施设置标准》（CJJ 27—2012）、《农村环境卫生基础设施设置规范》（DB 3304/T 011—2018）。

乡村垃圾收集点的服务半径不宜超过 200m；垃圾箱布置在居住集中区域，服务半径 60 ~ 100m。有条件的村庄可推行垃圾分类，可推广"二次四分法"：农户在家将垃圾初次分为"会烂"和"不会烂"两类，保洁员收集后再次将"不会烂"垃圾分为"能卖"和"不能卖"两类。当垃圾运输距离超过经济运距且运输量较大时，宜设置垃圾转运站，一般情况下运输平均距离超过 10km 的，宜设置垃圾转运站。

环卫设施的规划成果包括，提出村庄垃圾收集方式，确定垃圾收集设施的类型、功能、位置、数量、规格等。

266. 厕所革命

答 厕所革命包括户厕改造与公共厕所改造两个板块，规划可参考《农村人居环境整治三年行动方案》《关于推进农村"厕所革命"专项行动的指导意见》。

户厕改造。应结合实际，因地制宜，推广两类户厕改造，一是水冲式卫生厕所：室内建设占地面积 4 ~ 5m²（空间使用面积不低于 3m²），室内全贴瓷砖，内设暗线电路，吊顶并安装吸顶灯，配备蹲便器、冲水箱、洗漱盆、卫生桶各一个，必须有化粪处理设施；二是无害化卫生厕所：面积同水冲式卫生厕所一致，有房，有蹲位，有化粪处理池，室内满贴地砖和瓷砖。一般村庄户厕改造率应达 100%。

公共厕所改造。村庄公共厕所服务半径为1km，户厕普及率较高的村庄，公共厕所服务人口宜为 500 ~ 1000 人 / 座，且村庄人口规模超过 300 人时应设置农村公共厕所；户厕普及率较低的村庄，公共厕所服务人口宜为 50 ~ 100 人 / 座，且 1km 服务范围内人口规模大于 50 人时应设置农村公共厕所。每座公共厕所的建筑面积不少于 $50m^2$。

厕所革命的规划成果包括，提出户厕和公共厕所改造或新建的数量、位置、面积、功能、规格等。

267. 黑臭水体

 针对村庄中的黑臭水体，采取有效措施进行治理，遵循"系统综合、标本兼治、经济适用、利用优先、绿色安全"的原则，按照"控源截污、内源治理、水体净化"的基本技术路线具体实施。

在控源截污、内源治理过程中，应明确黑臭水体成因，具体运用农村生活污水治理、农村厕所粪污治理、畜禽粪污治理、水产养殖污染防控、种植业面源污染治理、工业废水污染治理及垃圾清理等技术措施进行综合治理。

在水体净化过程中，对于黑臭严重的水体，可采取机械清淤和水力清淤等方式。对于整治后农村水体的水质保持，可采用跌水、喷泉、射流和其他各类曝气形式人工增氧。

此外，根据村庄具体情况，可因地制宜地实施必要的水体水系连通，打通断头河，拆除不必要的拦河坝，增强渠道、河道、池塘等水体流动性及自净能力。

规划应提出黑臭水体治理方案，如技术选择、污染源控制；确定治理工程的项目名称、建设位置、建设内容、建设规模、建设标准等。

268. 污水量

答 污水量是在一定时间内产生的含有污染物的废水的总量。污水治理，首先就要预测污水量，为确定污水处理设施的具体指标提供基础。

确定村庄污水量首先要确定其用水量。村庄用水量主要有五部分：一为居民生活用水，二为公共建筑用水，三为浇洒道路和绿地的用水量，四为管网漏失及未预见水量，五为消防用水。其中第三、四、五项用水不会产生污水。在通常情况下，根据《镇（乡）村给水工程技术规程》（CJJ 123—2008），确定村民平均日生活用水指标，预测村庄内可产生污水的用水量。

污水量一般采用排水系数法，通常按用水量的 50% ~ 80% 预测生活污水排放量。例如：某村居民平均日生活用水量为 100 L/ 人，村庄人口为 500 人，污水量取生活用水量的 70%。则本村污水量为 100 L/（人·d）×500 人 ×70% = 3.5 万 L/d。

269. 污水管网

答 根据目前对村庄现有输水管网的调查情况，污水管网建设一般存在管网漏损和老旧管网提升改造两个方面的问题，主要采取新建方式。规划应确定污水管网的布局，提出管材、管径、建设长度等，其中管径由排污量计算确定。

270. 末端污水处理设施

答 末端污水处理设施是指在乡村地区污水管网末端，对生活污水进行处理的设施。村庄末端污水处理设施可分为户级处理设施、村级处理设施两级。目前，对于污水处理，没有统一的标准和规定，主要根据当地实际合理确定。

户级处理设施：人口较少的村庄和分散的农户，可采用标准三格（四格）化粪池就地分散处理方式尾水排入山体、林地、农田或湿地消纳吸收利用。厕所粪便污水与洗浴废水分流，粪便污水进入三格化粪池处理。居民洗衣、淋浴及厨房洗涤等低浓度生活污水可采用山体、林地、农田或湿地消纳吸收。

村级处理设施：人口集中和位于生态敏感地区的村庄，采用三格化粪池预处理，统一纳管后，进一步采用生物处理、自然生物处理等无动力或微动力处理工艺进行集中处理。

具体工程设施包括：净化槽＋人工湿地、厌氧水解＋微动力好氧处理、复合生物滤床＋垂流式人工湿地、生物转盘＋人工湿地、生物转盘＋化学辅助除磷、水解酸化＋生物接触氧化等。

　　规划应根据村庄污水的处理方式，提出项目名称、建设位置、建设范围、设施类型、设施容量、设施布局等。

271. 村庄建筑

答　村庄建筑提升是对村庄内的建筑进行改造、升级，提高其外观、功能和品质，提升房屋使用寿命与建筑安全性，改善房屋保温隔热防水性能，从整体提升村庄环境及风貌，创造宜居宜业宜游的乡村环境，展现地域特色和文化魅力。

　　村庄建筑提升对象包括村民住宅和村庄公共建筑（管理、教育、商业、文化娱乐等），涉及建筑结构、建筑外立面、建筑屋顶、建筑细部和其他构筑物。规划应秉承"协调有序、地方特色、经济适用、乡土传承"原则，对现状建筑进行整治改造，对新建房屋提出风貌指引。

现状建筑改造重点包括屋顶改建、墙身整治、门窗改造及外立面整治。对有建筑安全隐患的建筑需进行结构加固或拆除。

屋顶改建重点是拆除违章、整理天线、发射塔、水箱等杂乱物。

墙身整治是对于墙面老旧、外观较差、风貌不协调裸房，优先考虑采用与周边环境相协调的各类涂料或传统黏土砖质感材料饰面。

门窗改造针对立面杂乱无章、老旧、外观较差、风貌不协调的门窗，通过替换、喷漆等措施进行整治。传统风貌型村庄门窗细节应表达出传统韵味，建议采用木质材料或栗壳色、棕褐色、灰色系铝合金材料，体现传统风貌及地域特征。

外立面整治在整体协调的前提下，对阳台、栏杆、外挂空调器采用多种不同的整理改造手法，形成材料、色彩与建筑外观相协调、乡村特色鲜明的风貌。

规划根据调查情况，结合整体风貌打造要求，提出建筑改造的整体风格，不同功能建筑的用途和功能，明确改造或新建建筑的数量、位置、性质、内容、面积、标准等。

272. 公共空间

答 公共空间是承载村民邻里交往、民俗节庆等公共活动的场所，包括村内除农户院落外的全部空间，重点是村口、村庄巷道、河岸空间、公共广场、戏台、祠堂庙宇等场所。提升乡村公共空间可以创造出具有活力和吸引力的乡村环境，更好地提供社交、休闲、文化和服务功能，提升居民的生活质量。

公共空间提升包括对村庄入口空间、户外活动广场、入户巷道等区域进行改造。

村庄入口空间改造，应突出本村特色，形成鲜明独特的村庄标识，对有条件的村庄可利用原有历史构筑物，通过植物绿化、小品配景等方式对出入口进行改善。

户外活动广场改造，包括村庄文化活动广场、健身场地及其余小块活动场地。文化活动广场应结合公共服务设施提升，通过铺装改造、配套椅凳、适度植栽绿化、增设休闲娱乐设施等形式，结合集中居住区域形成村民户外活动体系，改善农村户外活动场所环境。户外活动广场一般可布置于沿村外缘、依托山体地形布局、沿河或道路带状布局。

入户巷道改造，一般结合村庄道路体系改造对农户宅前区域进行杂物、杂乱构筑物清理，并对铺装及绿化植栽进行提升。

规划根据调查情况，提出公共空间改造项目名称、建设位置、建设性质、建设内容、建设规模、建设风格、建设标准等。

273. 绿化景观提升

 绿化景观提升是通过对村庄公共区域的绿化空间及水体空间，进行改造和优化，形成美丽宜人、乡土韵味十足的景观风貌，以改善乡村地区的环境品质，提高居民生活品质。

绿化景观提升包括村庄路旁、水旁、村旁绿化景观提升，在有条件的可重点打造绿化景观节点。

路旁绿化景观，在进村车道种植乡土经济、生长速度快、树冠较大、方便养护的行道树，并可适度搭配灌木及花卉，进一步提升道路景观。

村内入户巷道的边缘收拾整齐，采用乡土式干砌、插篱、种植等方式，路边的花坛也可作为菜坛。

水旁绿化景观，在保障水利安全的前提下，以清淤疏导为主，驳岸保持自然形态。需要做驳岸的可采用自然护坡、实木桩护坡、块石护坡等形式，并结合水生植物或湿生植物进行布置，不宜过度硬化；已经硬化的挡墙，可种植爬藤植物进行美化。

村旁绿化景观，利用村边的空地植树造林，把裸露的山体绿起来，尽量多种树，选用当地好长的树种，可多种果树，形成村在林中的景观风貌；绿化基础条件好的村庄，可以补充开花树种或叶子颜色有变化的树种，丰富四季景观。

有条件的村庄可因地制宜打造小菜园、小果园、小花园、小公园等小生态板块。

规划根据村庄绿化景观基础，提出绿化景观提升项目名称、建设地点、建设性质、建设内容、建设规模、建设标准、植物配置等。

274. 村庄小品

答 村庄小品是在乡村环境中以艺术性和美学原则为导向，通过设计、布置和安装各种小型的装饰元素或艺术品，以提升乡村景观品质和文化氛围，促进文化传承，为居民提供更加美好的生活环境。

村庄小品包括村庄标识系统、照明系统、特色景墙、艺术装置、雕塑壁画、座椅设施、垃圾箱设施、健身设施、儿童游乐设施等。应挖掘乡村特色，结合产业发展方向、村庄风貌特色，重点对村庄标识标牌、灯具、座椅、垃圾箱及特殊节点艺术装置的造型、色彩、材质等提出设计指引。

规划提出村庄小品建设地点、建设数量、建设内容、建设标准等。

275. 户容户貌提升

 户容户貌提升是指对居民住房外部环境、整体形象进行改善和提升的过程，着重于提高居民住房的美观度、安全性和舒适度，营造宜居和谐的居住环境。

户容户貌提升包括清除杂乱空间和户容改造。

清除杂乱空间，拆除村内严重影响乡村风貌的违章建筑物、构筑物及其他设施，如空心房、田间附属房、猪圈、鸡圈、牛羊圈和房前屋后各类私搭乱建，腾出空地，改为菜园或种植果树，发展庭院经济，强化房前屋后空间的设计引导和技术指导。对于不能拆除的，建议种树遮挡，可选用竹类高秆植物或爬藤植物。

户容改造，对清理完成的宅前屋后空间，采用乡土式干砌、插篱、种植等方式，规整房前屋后的绿地、菜地、台地。对宅间空隙及废弃地可建造小游园，作为方便周边村民的小型活动空间。推动村民房前屋后多种树、种果树乔木，采用园艺手法形成菜地果林"微田园"。

规划提出户容户貌提升项目名称、建设地点、建设性质、建设内容、建设规模、建设标准等。

276. 其他提升内容

 根据村庄实际情况，其他提升内容包括缆线整治、大地景观打造等。

缆线整治，结合村庄电力设施规划，清理村庄废旧杆塔、线路，整治违法交越、搭挂，引导合理共杆，着力解决乱接乱牵、乱拉乱挂的"空中蜘蛛网"现象。

大地景观打造，结合生态环境保护及修复，对现状资源条件良好或发展旅游的村庄，可对包括村庄周边的农田、山体林地、水体和交通沿线景观进行大地景观营造，结合地形、绿化整理及设施、小品布置，打造如彩色农田、花林公路、梯田景观、湿地公园等特色景观。

规划可结合村庄发展需要，提出规划措施，包括项目名称、建设地点、建设性质、建设内容、建设规模等。

277. 古树名木保护

古树名木保护是对乡村地区中的古老树木和有特殊历史、文化、生态价值的名贵树木进行保护和管理的工作，其目的是保护乡村地区珍贵的自然资源，维护生物多样性。古树名木保护需依据《古树名木保护条例（草案）》，按照相关法律法规和政策文件执行。

古树名木由县级自然资源规划部门负责管理，本节的重点是利用古树名木资源，打造旅游资源，让古树"活起来"，讲好历史文化故事。

规划措施包括：在不破坏古树名木及其生存的自然环境的基础上，

结合周边环境配备石台、石凳，配种其他植物，增配景观石、科普知识展板，设置休憩节点、景观节点；挖掘古树名木的文化元素，塑造文化品牌，结合商业、休闲、游憩设施，形成特色旅游品牌。

规划在符合古树名木保护规定的前提下，提出项目名称、建设地点、建设性质、建设内容、建设规模等。

278. 文化古迹保护

答 文化古迹保护是保护乡村地区的历史文化遗存，传承乡村的历史记忆，促进乡村文化发展。文化古迹保护需依据《中华人民共和国文物保护法》，按照相关法律法规和政策文件执行。

文化古迹由县级文物保护部门负责管理，本节的重点是在保留文化古迹传统风貌的基础上，打造特色文旅景点。

规划措施包括：在符合文物保护规定的前提下，按"一村一品、一村一韵、一村一景"的要求，修缮古民居、古道、古庙、古祠堂等，拆除村内不协调建筑，对其他现状建筑改造、新建筑提出风貌指引要求。

规划应提出文化古迹保护项目名称、建设地点、建设性质、建设内容、建设规模等。

279. 农业投入品减量化

答 农业投入品减量化是指在农业生产中，通过优化管理和技术手段，减少农业投入品的使用量，实现农业生产效益和资源利用效率的提升，降低对环境的负荷和生态系统的风险。

农业投入品减量化主要包括节水、节肥、节药三部分。

节水，主要是完善农田水利设施，清理灌溉沟渠并推广节水灌溉技术、适水种植技术、抗旱育种技术、农田保墒技术、培肥地力及水肥耦合技术等。

节肥，指深入实施测土配方施肥，实施果菜茶有机肥替代化肥行动，引导农民施用有机肥、种植绿肥、沼渣沼液还田等方式减少化肥使用。

节药，指实施农作物病虫害专业化统防统治和绿色防控，推广高效低风险农药、高效现代植保机械。推广高效低毒低残留兽药，规范抗菌药使用，严厉打击养殖环节滥用兽药行为。

规划以现状调查为基础，结合种植业发展的规划，提出投入品减量的目标和指标；明确投入品减量化的方案，包括推广先进农业技术、改善管理措施、加强农民培训等。

280. 农业废弃物处理

答 农业废弃物主要包括种植废弃物和养殖废弃物。

种植废弃物，指将秸秆、稻草等农业废物宜与有机垃圾（如易腐类生活垃圾）混合进行静态堆肥处理，或与粪便、污水处理产生的污泥及沼渣等混合堆肥，亦可混入粪便，进入户用、联户沼气池厌氧发酵；推进秸秆变肥料还田，变饲料养畜，变能源降碳，变基质原料用于菌菇生产、集约化育苗、无土栽培、改良土壤等。推广使用厚度 0.01mm 以上的耐老化、低毒性或无毒性、可降解的树脂农膜，"一膜两用、多用"，提高地膜利用率，建立地膜回收处置体系。

养殖废弃物，采用无害化集中处理技术，包括发酵技术、农作物专用肥配方技术、干燥造粒技术、有机复合肥技术等，通过发展沼气、生产有机肥和无害化畜禽粪便还田等综合利用方式，形成生态养殖—沼气—有机肥料—种植的循环经济模式；逐步减少村内散户养殖，鼓励在条件允许的地方建设规模化生态养殖场和养殖小区；畜禽粪便应结合种养殖业发展规划，提出农业废弃物处理的目标和对象，提出所采用的技术手段、技术规格、技术引进方式等。

第八章
乡风文明建设规划

281. 乡风文明建设内涵

282. 什么是家风

283. 什么是民风

284. 什么是乡风

285. 乡风文明规划内容

286. 乡风文明规划流程

287. 乡风文明规划依据

288. 规划应遵循的原则

289. 乡风文明建设目标

290. 为什么要加强思想道德教育

291. 新时代要教育农民什么

292. 思想教育的载体是什么

293. 开展组织活动

294. 强化制度约束

295. 发挥典型示范带动

296. 完善乡村文化设施建设

297. 加强基层理论骨干培训

298. 发挥新乡贤引领作用

299. 为什么要传承中华优秀传统文化

300. 传承的宗旨是什么

301. 传承发展路径什么

302. 保护乡土文化的物质载体

303. 弘扬和传承非遗文化

304. 发展乡村特色文化产业

305. 把乡村文化元素纳入乡村产业发展

306. 让乡村文化走出去

307. 大力传承红色基因

308. 完善公共文化服务

309. 完善乡村文化基础设施

310. 丰富公共文化产品供给

311. 开展乡村文化活动

281. 乡风文明建设内涵

答 2017 年 12 月 28 日，习近平总书记在中央农村工作会议上的讲话指出，"乡村振兴，既要塑形，也要铸魂"。2018 年 1 月 2 日，《关于实施乡村振兴战略的意见》（中发〔2018〕1 号），指出乡风文明是乡村振兴的保障，必须坚持物质文明和精神文明一起抓，提升农民精神风貌，培育文明乡风、良好家风、淳朴民风，不断提高乡村社会文明程度。2018 年 3 月，习近平总书记在参加十三届全国人大一次会议山东代表团审议时，更加深刻地强调了乡风文明是什么，他强调"培育文明乡风、良好家风、淳朴民风，改善农民精神风貌，提高乡村社会文明程度，焕发乡村文明新气象"。

由此可见，乡风文明建设内涵就是培育文明乡风、良好家风、淳朴民风，改善农民的精神风貌，提高乡村社会文明程度，焕发乡村文明新气象。其实质是完成乡村的铸魂工作，夯实乡村振兴的精神基础。

282. 什么是家风

答 家庭是社会的细胞，家风是一个家庭和家族在长期生活中逐渐形成并相传沿袭的价值观念和生活方式的积累，是体现家族成员精神风貌、道德品质、审美格调、整体气质的家族文化风格。天下之本在国，国之本在家，家之本在身，家是最小国，国是千万家，家国两相依，国风之本在家风，好家风会如化雨春风，护着家、护着国。习近平总书记指出："无论时代如何变化，无论经济社会如何发展，对一个社会来说，家庭的生活依托都不可替代，家庭的社会功能都不可替代，家庭的文明作用都不可替代。"由此，家风是乡风文明的基础，培育良好家风成为乡风文明建设的重要内容。

283. 什么是民风

答 民风是一个民族或者一个地区的民众共有的为人处世的态度、方法及形成的风尚。民风淳朴是指地方民众生活习俗、待人接物以诚相待，淳厚朴实，敬老爱幼，和睦相处，待客如宾，童叟无欺，夜不闭户，路不拾遗，生活幸福美满。民风发展到较为稳定时，就沿袭成为风俗，而有良好民风的社会，必定是一个健康向上、文明进步的社会。因此，培育淳朴民风成为乡风文明建设的重要内容。

284. 什么是乡风

答 乡风是指乡村风俗、乡村思想和乡村道德等乡村意识形态。从乡村社会来看，乡风是村民的信仰、操守、爱好、风俗、观念、习惯、传统、礼节和行为方式的总和，是农民在长期生产、生活中积淀而形成的生活习惯、心理特征和文化习性，反映了当地农民的精神面貌。因此，乡风是长期依托某农村区域，形成的一种具有区域特色、思维方式和历史文化传统的乡村文化形态，是维系中华民族文化基因的重要纽带，是流淌在田野上的故土乡愁。以家风带民风，以民风助乡风，最后形成良好的社会风气。

285. 乡风文明规划内容

答 乡风文明建设是坚持以社会主义核心价值观为引领，以传承发展中华优秀传统文化为核心，以乡村公共文化服务体系建设为载体，培育文明乡风、良好家风、淳朴民风，推动乡村文化振兴，建设邻里守望、诚信重礼、勤俭节约的文明乡村。

规划主要围绕以下三个方面进行：

一是加强思想道德教育。重点是建设思想教育的载体，为塑造新时代新风尚提供思想基础；开展组织活动、强化制度约束、发挥典型示范带动、完善乡村文化设施建设、加强基层理论骨干培训。

二是传承中华优秀传统文化。重点是保护和传承传统文化物质载体、非遗文化，发展乡村特色文化产业，使乡村成为守望乡愁的重要依托。

三是完善公共文化服务。重点是完善文化基础设施、丰富文化产品供给、开展乡村文化活动，满足群众多层次多方面精神文化需求。

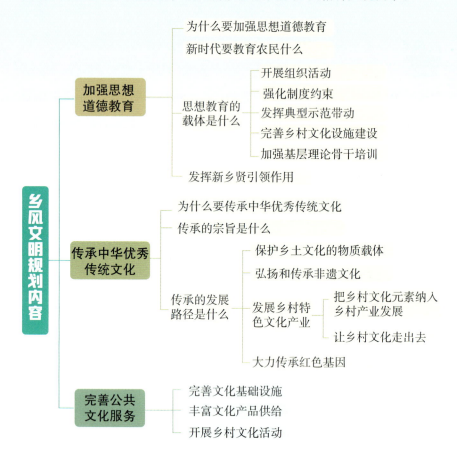

286. 乡风文明规划流程

 乡风文明规划流程包括以下四项：

一是收集乡风文明相关资料。掌握各级政府出台的有关乡风文明的政策、文件、行动，重点关注村庄所在地方政府发布的精神文明创建和文化思想宣传教育方面的文件，明确上级政府提出的要求。

二是分析乡风文明现状和存在问题。通过现场调查，了解村庄及本地的掌故，乡风民风情况，特色文化资源；了解村庄思想道德建设和村风民俗建设、农村优秀传统文化、农村公共文化建设等现状和存在的问题。

三是明确乡风文明建设规划目标。根据上级政府和上位规划提出的乡风文明建设要求，结合村庄实际情况，提出乡风文明建设的具体目标。

四是提出乡风文明建设项目。根据乡风文明建设目标，从加强思想道德建设、传承优秀文化传统和完善公共文化服务三个方面提出规划项目。

其中，第一、二项内容在现场调查阶段完成，第三项内容在总体规划阶段确定，第四项内容是乡风文明规划阶段的重点任务。

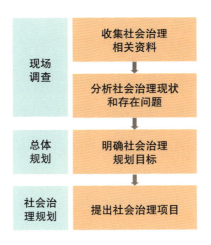

乡风文明规划流程

287. 乡风文明规划依据

 乡风文明规划的依据包括法律法规、重要论述、重要讲话和指示批示、政策文件、技术标准和相关规划。

政策文件有中央历年一号文件、《关于进一步推进移风易俗 建设文明乡风的指导意见》《新时代公民道德建设实施纲要》《关于进一步加强农村文化建设的意见》《开展高价彩礼、大操大办等农村移风易俗重点领域突出问题专项治理工作方案》，以及各级政府出台的关于文明创建、宣传培训的文件等。

技术标准包括《美丽乡村—乡风文明建设指南》等国家标准和地方标准。

相关规划包括国民经济与社会发展"十四五"规划、行业"十四五"规划、乡村振兴战略规划和其他相关专项规划。

288. 规划应遵循的原则

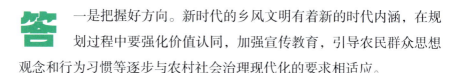 一是把握好方向。新时代的乡风文明有着新的时代内涵，在规划过程中要强化价值认同，加强宣传教育，引导农民群众思想观念和行为习惯等逐步与农村社会治理现代化的要求相适应。

二是运用好资源。规划一方面要深挖传统文化内涵，从文化故事、哲学思想、典章文稿中挖掘乡风文明的精神内核；另一方面用好乡贤资源，运用好他们的文化影响力和表现力，为乡风文明建设做出贡献。

三是要切合实际。规划要充分考虑地区习俗、群众习惯和接受程度，采取农民群众喜闻乐见、便于参与的形式，从地方特色出发，因地施策。

289. 乡风文明建设目标

答 乡风文明建设目标包括总体目标和具体目标两个方面。

总体目标是对乡风文明成效进行概括性描述。例如：文明乡风管理机制和工作制度基本健全，农村陈规陋习蔓延势头得到有效遏制，婚事新办、丧事简办、孝亲敬老等社会风尚更加浓厚，农民人情支出负担明显减轻，乡村社会文明程度进一步提高，农民群众有实实在在的获得感。

具体目标是根据乡风文明建设的实际情况，提出具体的、能获取的指标，可以定性描述为主，定性与定量描述相结合。例如：思想道德教育活动经常开展、内容丰富、效果良好；文化设施建设满足需求、利用率高、管理良好；特色文化服务活动定期开展、能吸引游客积极参与；主题创建活动群众参与比例等。

290. 为什么要加强思想道德教育

答 人民有信仰，国家有力量，民族有希望。信仰信念指引人生方向，引领道德追求。乡风文明是乡村振兴的"灵魂"，是精神层面的东西，思想决定行为，行为养成习惯，习惯形成性格，性格决定命运。因此，思想是乡村振兴战略中最基本、最深沉、最持久的力量。

那么首先就要从思想上统一，强化社会主义核心价值观建设，以优秀文化引领乡村文化的前进方向，从根本上解决农民群众的思想问题。因此要加强思想道德教育，筑牢理想信念之基。

291. 新时代要教育农民什么

答 2019 年，中共中央、国务院印发《新时代公民道德建设实施纲要》，从适应新时代新要求，推动全民道德素质和社会文明程度达到一个新高度出发，提出新时代公民道德建设提供了重要指导。依据这个文件和乡村振兴的相关文件等，思想道德教育主要包括六个方面：一是以社会主义核心价值观引导乡风文明建设，铸好基本功；二是推进社科理论普及，推动乡村党的理论和社科知识普及；三是开展好形势政策教育，引导农民群众听党话、跟党走；四是开展传统道德教育，弘扬民族精神和时代精神；五是开展民风民俗传承教育，形成文明进步向上新风尚；六是开展时代风尚教育，引导农民大力践行文明道德。

292. 思想教育的载体是什么

答 将社会主义核心价值观融入村庄发展、培育提炼村庄精神，不是停留在口号上，而是实实在在体现为村庄文化精髓，把社会主义核心价值观融入社会生活，让群众在实践中感知，在日常劳作中遵循，增强认同感和归属感，生成弘扬共同理想、凝聚精神力量、建设道德风尚的强大动力。这就需要载体传递思想教育。

根据《关于进一步推进移风易俗建设文明乡风的指导意见》，思想教育的载体主要体现在开展组织活动、强化制度约束、发挥典型示范带动、完善设施建设、加强基层理论骨干培训等方面。为此，乡风文明建设措施也主要围绕这五个方面开展。

293. 开展组织活动

答 开展组织活动是指通过舆论、理论、网络和广告的宣传引导，弘扬正气、教育村民、凝聚人心，进一步在全社会营造积极向上的良好氛围。

主要措施包括：一是召开各村党员会议、群众会议领学研读相关资料，开办乡村道德讲堂，积极落实"三会一课"制度等多种学习形式。二是组织文化能人组建说唱班、农民艺术团，定期举办文艺会演、农民运动会、乡村旅游民俗文化旅游艺术节等文体活动。三是开展家庭文明宣传，积极组织讲述善美家风家训故事，讲述尊老爱幼的传统美德。

规划可制定各类学习活动计划，明确学习内容、学习时间、学习主题、活动形式、参与人员。策划具有地方特色的文体活动，提出活动的主题、类型、时间、地点、场地等。组织文明家庭和个人评选活动，提出活动主题、评选方式、奖励措施等。

294. 强化制度约束

答 乡村社会面临着人际关系的信任危机、乡村归属感下降、陈规陋习还存在等系列问题。需要通过制度规范每位村民，塑造新时代的农村价值秩序，形成一种向好向善、见贤思齐的新风尚。

规划措施包括：

一是了解村内各自治组织是否制定了各类管理制度及执行情况，评估各类制度是否有效发挥作用。

二是了解村规民约情况，评估村规民约的特色性、约束力、操作性，通过与群众讨论，提出是否需要重新修订和完善的建议。

三是依据《中华人民共和国村民委员会组织法》等有关法律法规和规定，按照村民自治等程序，针对村规民约出台具体约束性措施，通过教育、规劝、奖惩等措施，引导村民遵守相关规定。

四是建立群众组织的监督机制，监督评议村民遵守村规民约情况，督促村民自查陋习，不断强化约束作用，引导村民自我管理。

295. 发挥典型示范带动

答 只有规矩还不够，关键需要有评优惩莠的好方法，倡导文明新风的评选活动。规划要结合县级政府关于创建典型示范活动的规定，结合村庄实际情况，提出文明创建活动的具体措施。

大力开展树新风活动。以创建文明示范村、开展文明卫生户、十星级文明户、好媳妇、好儿女、好公婆、和睦家庭等评选表彰活动，开展星级文明户、文明家庭等群众性精神文明创建活动，开展寻找最美乡村教师、医生、村干部、人民调解员等活动。

要精心选树时代楷模、道德模范等先进典型，综合运用宣讲报告、事迹报道、专题节目、文艺作品、公益广告等形式。持续推出各行各业先进人物，广泛推荐宣传最美人物、身边好人。

296. 完善乡村文化设施建设

答 乡村文化设施是推进农村精神文明建设高质量发展的重要载体和抓手。文化设施多种多样，例如：制作村民读本、员工手册，大力倡导文明精神，成为文明村；建设精神文明示范街、文化长廊、主题文化墙、安装宣传栏、展板等文化设施，用群众喜闻乐见、通俗易懂的图画、谚语、顺口溜等，大力宣传社会主义核心价值观、中国梦、孝义故事、法律知识、婚育新风及文明公约、社会治安、环境卫生、邻里关系、移风易俗、文明新风等内容，供村民对照学习，达到"图画上墙，观念入心"的效果。

规划应根据村庄工作基础,提出需要及建设的各项设施的项目名称、建设地点、建设规模、建设标准、建设风格等内容。对于乡村文化挖掘、图画、谚语、顺口溜等无形文化资源的挖掘和制作，有条件的，可以聘请专业机构，就文化创作内容和表现形式达成合作。

297. 加强基层理论骨干培训

答 村干部是乡村振兴工作的一线执行者，是农村发展的规划者、实干者，是乡村振兴发展的中坚力量和人才基础。通过参加培训班、现场示范辅导、实地观摩等形式，加强对他们的培训，有助于提升群众思想道德素质和科学文化水平，提升精神文化层次，激发参与村务的热情，推动基层民主自治。

规划要了解全县培训计划和方案、了解各级党政培训机构的培训计划，根据村庄基层干部的人员构成、现有学习基础和学习计划，提出培训人员计划、培训类型和培训方式。

298. 发挥新乡贤引领作用

答 新乡贤是指村里德高望重的老人，退休返乡、打工回乡时有管理能力、有知识、懂技术、有经济头脑的人，道德模范，身边好人，乡村教师和经济能人等有助于乡村治理的人，这部分人由于自己的特殊身份在农村具有广阔的社会资本和社会资源，在发展规划、出谋划策、协调资源、问题应对、促进发展方面具有无可替代的作用，在一定程度上弥补了乡村振兴的资源不足。盘活这些人力资源，乡村振兴前景可期。

规划通过深入的调查走访，掌握村庄新乡贤的人员信息和分布情况；根据村庄发展需要，与新乡贤取得联系，了解其回归家乡、回馈家乡的意愿；召开乡贤回归座谈会、政银企对接座谈会；建立乡贤库、建设乡贤馆、设立乡贤榜，大力宣传乡贤回报家乡的先进事迹，在全社会形成"争当新乡贤为荣、贡献家乡为耀"的良好氛围；制定针对每一位有志回馈家乡新乡贤的工作计划，明确回馈方式、工作机制。

299. 为什么要传承中华优秀传统文化

答　乡村文化是乡民在长期的劳动生产实践中孕育形成的文化，乡村文化中的优秀成分，如厚重、自然、淳朴的乡土民风，善良、温情、坚强的生存姿态，善恶分明、疾恶如仇的农民性格等，是在农耕文明中历经风风雨雨而孕育积淀形成的，反映出具体的民族特征、价值观念和审美情趣，并在潜移默化中影响人们的思想观念、价值操守和行为方式。习近平总书记说：乡村文明是中华民族文明史的主体，村庄是乡村文明的载体，耕地文明是我们的软实力，要保留乡村风貌，坚持传承文化。农耕文化是我国农业的宝贵财富，是中华文化的重要组成部分，不仅不能丢，而且要不断发扬光大。

因此，通过各种方式继承乡村文化，并对其进行创造性转化和创造性发展，使风格各异的乡村文化成为美丽乡村建设的亮丽名片。

300. 传承的宗旨是什么

答　一是要坚持在继承、扬弃、创新中发展。《乡村振兴战略规划（2018—2022 年）》强调，立足乡村文明，吸取城市文明及外来文化优秀成果，在保护传承的基础上，创造性转化、创新性发展，不断赋予时代内涵、丰富表现形式，为增强文化自信提供优质载体。因此，要保护和发展民间文化，传承独特的风格样式，赋予新的文化内涵，使优秀民间文化活起来、传下去。

二是把特色文化建设作为切入点。农村有着极其丰富的民间文化资源，利用特色文化开展农村文化活动，使其成为传播先进文化的有效载体，实现农村文化创新，群众最容易接受，也最乐于参与。

301. 传承发展路径什么

 乡村社会是传统文化的直接源头，是农耕文明的重要载体。重振根脉文化，保住传统文化的根，需要探寻合适的传承方式。按照"看得见山、望得见水、记得住乡愁"的原则，传承方式主要包括：

一是保护乡土文化的物质载体。保护好现有的具有历史的传统文化村落和民居，运用现代技术手段保留乡村社会的原始风貌。

二是弘扬和传承非遗文化。深入挖掘乡村社会非物质文化遗产资源，保护好乡村社会传统价值体系和集体情感记忆，使乡村社会成为广大乡村人民守望乡愁的重要依托。

三是发展乡村特色文化产业。充分挖掘乡村文化特色，做好乡村文化产业的总体谋划，构建乡村文化产业运作模式。

302. 保护乡土文化的物质载体

答 留住乡村的味道，守住乡愁，关键在于维护好乡愁的载体。在乡村振兴过程中，不能拆掉资源和具有审美财富价值的古老村庄的"银行"，去建起现代化水泥城镇的"贷款处"。因此，传承优秀传统首先就是深入挖掘乡村文化的精神内涵和现代意义，保留有历史文化价值的传统村落和民居。

现场调查阶段要深入调查、善于发现，或是一片草地、一群牛羊、一坡果园，或是一座青山、一条小河、一汪水田，或是一条古道、一座磨盘，都可以作为乡土文化好好利用。规划阶段应对包括传统民居和村落在内的物质载体，进行深入挖掘，了解承载的道德教化、礼仪规范、风俗民情、手工技艺等，按照"一村一品""一村一景""一村一韵"和"村村有故事"的思路进行规划。

规划对于保护乡土文化物质载体，提出保护利用的措施，包括提出古村落、古民居的保护管理措施，确定对村落、民居文化精神挖掘利用的方向等。

需要注意的是，与乡村建设章节中的文化古迹保护的区别在于，乡风文明侧重于对传统民居和村落承载的乡村文化、精神内涵和现代意义进行挖掘，乡村建设侧重于对物质载体本身的保护。

303. 弘扬和传承非遗文化

答 非物质文化遗产是指各族人民世代相传并视为其文化遗产组成部分的各种传统文化表现形式，以及与传统文化表现形式相关的实物和场所，包括传统口头文学和作为其载体的语言，传统美术、书法、音乐、舞蹈、戏剧、曲艺和杂技，传统技艺、医药和历法；传统礼仪、节庆等民俗，传统体育和游艺等。

规划时，要充分了解当地的耕作制度、农耕习俗、节日时令、地方知识、生活习惯、食品保障、原料供给、就业增收、生态保护、观光休闲、文化传承、科学研究、农事活动、熟人交往、节日庆典、民俗习惯、地方经验、民间传统、村规民约等，按照"从群众中来、到群众中去"的原则，提出相应的措施。例如：抢救保护重要的民间文化遗产（剪纸、舞蹈）；开展乡村文艺活动；用好各类传统节日，组织开展各类民俗文化活动，让节日更富人文情怀、让农村更具情感寄托；在条件允许的情况下，规划非物质文化遗产展示的场所，让当地群众和外地游客亲身感受非物质文化遗产的渊源历史和博大精深。

304. 发展乡村特色文化产业

答 保护乡村特色文化产业的目的是传承和发展，要深入挖掘、继承、创新优秀传统乡土文化，把保护传承和开发利用有机结合起来，才能让优秀农耕文明在新时代展现其魅力和风采。发展乡村特色文化产业有两个思路：

一是把乡村文化元素纳入农村产业发展。发挥文化的渗透功能，促使文化向农业全产业延伸融合，推动"互联网+"计划，发展乡村休闲旅游产业。

二是让乡村文化走出去、显出来、活起来。利用网络等新媒体把乡村的优秀文化传播出去。

305. 把乡村文化元素纳入乡村产业发展

把乡村文化元素纳入乡村产业发展，目的是促进经济快速发展，为乡村建设提供更多的资金保障。规划要注意以下两个方面：

一是挖掘乡村文化。要了解村庄所处的地域环境，从乡村村民的生产方式、生活方式和乡村景观三个方面入手，选择符合且独特的文化属性，打造乡村的文化品牌。

二是符合乡村实际。结合本村实际情况，把村庄的个性和特色凸显出来，并把民风、民俗和生态环境融合进去，形成适合自身发展的乡村产业发展的模式，使村庄真正有"乡村味道"。

关于乡村文化元素纳入农村产业发展，在产业规划时一并考虑，因此，此处不需要单独提出规划成果。

306. 让乡村文化走出去

 除了上述重新打造美好的文化记忆外，还要利用网络等新媒体把优秀文化传播出去，让乡村文化走向世界。

规划措施主要包括：发挥文化的渗透功能，促使文化向农业产前、产中、产后蔓延与融合，形成创意文化、逛逛农业、品牌农业，促进农村三产融合，实现传统农业向现代农业转型与升级；实施"文化+"计划，挖掘乡村生态休闲、旅游逛逛、文化教育价值，积极开发农业多种功能，推动传统产业创造性转化，创新性发展；推动"互联网+"计划，支持和鼓励农民就业，拓宽增收渠道，提升农民获得感；在第一、二、三产业融合上，利用农村特有的优势，打造生态产业，打造集循环农业、创意农业、农事体验于一体的田园综合体，打造乡村休闲旅游产业等。

由于这些措施均涉及产业发展思路，因此规划根据乡村文化的现状情况，与产业项目融合的路径，在产业规划时一并考虑，此节不需要单独提出规划成果。如果需要单独聘请专业文创团队提出乡村文化的挖掘、宣传、推广整体方案，制作品牌宣传口号、标语、商标图像等时，可以作为单独的项目提出来。

307. 大力传承红色基因

 历史镌刻着奋斗的辉煌，更指示着未来的方向。传承红色基因，就是要用好红色资源，把红色资源作为开展党史学习教育的生动教材，通过挖掘、保护、利用身边红色遗址，追寻革命先辈的足迹，讲活党的历史故事，真正让红色资源活起来，教育引导广大党员干部自觉肩负起传承红色基因的责任，守初心担使命，接续奋斗，努力创造新的辉煌。发扬精神、不忘初心、砥砺前行。

规划措施主要包括：建设红色教育基地，深化党史、国史学习教育，讲好故事；发展乡村红色文化旅游，推动红色旅游与民俗游、生态游等相结合，打造乡村红色旅游精品景区和精品线路；打造红色文化旅游目的地，推出红色旅游线路，传承好地方红色基因等。

这些措施一般与产业发展和乡村建设思路融合考虑，在本节不单独提出具体项目。

308. 完善公共文化服务

答 农村公共文化服务，是指国家和社会力量对农村公共文化建设和农村群众文化活动给予帮助和支持，是农村社会福利的一个重要组成部分。完善农村公共文化服务，是乡村振兴的重要内容，对于加强农村文化建设、保障农民享受基本文化权益、提高农民文化素养和生活水平、促进农村经济发展和社会和谐具有重要意义。

根据中共中央办公厅、国务院办公厅《关于进一步加强农村文化建设的意见》、文化和旅游部《"十四五"公共文化服务体系建设规划》等文件，完善乡村公共文化服务，必须从硬件建设入手，完善乡村文化基础设施，丰富公共文化产品供给、开展乡村文化活动，以满足群众多层次多方面精神文化需求。

309. 完善乡村文化基础设施

 乡村文化基础设施的重点是要规划好村级文化活动场所，让其成为农民群众接触文化资源、享受文化权益的最直接载体。

村级文化活动场所包括农家书屋、文化礼堂、文化广场、乡村戏台、非遗传习所等，这些设施集宣传文化、党员教育、科学普及、普法教育、体育健身等功能于一体，能满足广大农民群众多层次、多方位精神文化需求。

规划在乡村建设规划章节对上述项目进行落实，本节不单独提出具体项目。

310. 丰富公共文化产品供给

丰富公共文化产品供给的措施包括三个方面：

一是创作群众喜闻乐见的作品。创作推出特色鲜明、深接地气、传递正能量、人民喜闻乐见的优秀群众文艺作品，有效增加公共文化产品供给。发挥文联、文化等部门的专业特长，创作一些适合农民口味，可以激励人、鼓舞人奋发向上的优秀作品；挖掘本土各种形式文化中有关价值观的故事、戏曲，挖掘村庄文化；结合农耕文化的特点，以乡村人物、故事等为素材，为艺术作品创作提供思路和借鉴。

二是推进文化惠民。深入开展"服务基层、服务农民"活动，推动文化资源向基层农村倾斜，深入推进文化惠民演出，建设网上综合服务平台，激发各类文艺院团、演出机构、演出场所发展活力，满足农民群众日益增长的精神文化需求。以弘扬传统艺术、传播现代艺术、普及高雅艺术为重点，推动公共文化服务向基层下沉，广泛开展培训、演出、展览、讲座等文化惠民活动。

三是建设具有特色的村史馆。建设具有当地文化底蕴特色的历史文化展馆，社区（村）建设具有特色的历史文化展室，收藏本地历史人物、村庄建制沿革、重大事件、老物件、老家具等展品，保护历史文化记忆，把好的民风、好的家风一代代传承下去。

规划可结合村庄文化，提出文学作品的创作思路、表现形式；提出文化惠民活动的形式、内容、时间、地点、参与人员；村史馆建设项目可放在乡村建设章节，本节提出完善村史馆的展示主题、展品陈列、功能流线的建议。

311. 开展乡村文化活动

答 开展乡村文化活动的措施包括两个方面：

一是用乡村文化活动满足群众精神文化需求。在文化礼堂基础上，建设演出舞台，配备灯光、音响等基础设施，为实现从集体文化活动到登台文艺表演的提升提供条件，满足群众文化活动要求。

二是倡导读书。紧密结合农民脱贫致富的需求，利用农闲、节日和集市，倡导他们读书用书、学文化、学先进实用农业科技知识和卫生保健常识，不断在农民群众中刮起"文化风暴"。推动全民阅读进家庭、进农村，积极倡导乡村学校开展"经典诵读"活动，引导农民养成科学法治的思维方式和健康文明的生活方式。

规划可结合村庄实际情况，提出配套乡村舞台灯光、音响设备的需求；提出读书活动方案，明确活动开展的时间、地点、参与人员、活动主题、保障措施等。

第九章

社会治理规划

312. 新时代乡村治理体系

313. "三治"之间的逻辑关系

314. 社会治理规划内容

315. 社会治理规划流程

316. 社会治理规划依据

317. 社会治理规划原则

318. 社会治理规划目标

319. 加强基层党组织建设

320. 完善乡村自治制度

321. 加强法治乡村建设

322. 提升乡村德治水平

323. 加强平安乡村建设

312. 新时代乡村治理体系

 2017 年 10 月，党的十九大报告明确提出实施乡村振兴战略，强调加强农村基层基础工作，健全自治、法治、德治相结合的乡村治理体系。

2018 年中央一号文件《中共中央、国务院关于实施乡村振兴战略的意见》指出：乡村振兴，治理有效是基础。必须把夯实基层基础作为固本之策，建立健全党委领导、政府负责、社会协同、公众参与、法治保障的现代乡村社会治理体制，坚持自治、法治、德治相结合，确保乡村社会充满活力、和谐有序。

2019 年 6 月，中共中央办公厅、国务院办公厅印发《关于加强和改进乡村治理的指导意见》，要求建立健全党委领导、政府负责、社会协同、公众参与、法治保障、科技支撑的现代乡村社会治理体制，以自治增活力、以法治强保障、以德治扬正气，健全党组织领导的自治、法治、德治相结合的乡村治理体系，构建共建共治共享的社会治理格局，走中国特色社会主义乡村善治之路，建设充满活力、和谐有序的乡村社会，不断增强广大农民的获得感、幸福感、安全感。

由此，新时代乡村治理体系的核心是自治、法治、德治"三治"相结合。

313. "三治"之间的逻辑关系

 自治是基础。传统中国农民的法律来自道义，乡村秩序主要依赖村规民约、宗法伦理、道德礼俗等非正式制度与乡绅精英维系。因此，乡村的特点决定了乡村治理必须以自治为基础。

法治是保障。乡村法治化是社会治理现代化的前提，乡村治理具有治理目标繁杂、治理任务复杂、治理形势迫切的特点，使得治理法治化的实现更为艰巨。乡村法治化有利于解决乡村治理存在的不足与弊端，基层民主建设滞后等问题的解决必须通过法治渠道与手段。

德治是升华。"国无德不兴，人无德不立"。乡村治理不但要依赖于乡村自治这个基础，依赖于法治这个保障，还要将德治作为升华，使德治成为政府工作的好帮手，村民利益的代言人，更要使之成为和谐乡村的润滑剂。

总体上，自治让老百姓有了参与的活力；法治，为乡村治理提供了强有力的保障；而德治更像是春风化雨润物无声一般，改变着老百姓的内心。

314. 社会治理规划内容

答 根据《关于加强和改进乡村治理的指导意见》，乡村治理任务主要包括：建立健全党委领导、政府负责、社会协同、公众参与、法治保障的现代乡村社会治理体制，抓实建强基层党组织，整顿软弱涣散的村党组织，选好配强农村党组织带头人，深化村民自治实践，发挥农民在乡村治理中的主体作用，传承发展农村优秀传统文化。

根据国家总体要求，结合村庄实际情况来确定，乡村治理规划内容主要包括：

一是加强基层党组织建设，强化农村基层党组织领导作用；

二是完善乡村自治制度，引导村民自我管理，加强村级权力有效监督；

三是加强法治乡村建设，重点强化法律权威地位、提升乡村执法水平、健全农村公共法律服务体系；

四是提升乡村德治水平，强化道德教化作用，加强农村诚信建设，发挥道德模范引领；

五是加强平安乡村建设，保证乡村社会充满活力、和谐有序。

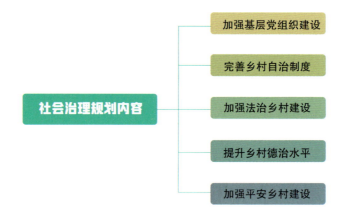

315. 社会治理规划流程

答 社会治理规划包括以下四项内容：

一是收集社会治理相关资料。全面收集乡村社会治理相关基础资料。包括各级政府出台的相关政策文件、地方政府组织的专项活动等。

二是分析社会治理现状和存在问题。通过现场调查，了解基层自治、法治和德治，平安乡村建设的现状及存在的问题。

三是明确社会治理规划目标。根据上级政府和上位规划提出的社会治理要求，结合村庄实际情况，提出社会治理规划的具体目标。

四是提出社会治理项目。根据社会治理目标，从提升自治、法治、德治能力，创建平安乡村等方面，提出社会治理项目，包括项目主题、项目方式、项目地点、参与人员、活动规模、活动频率等。

其中，第一、二项内容在现场调查阶段完成，第三项内容在总体规划阶段确定，第四项内容是社会治理规划阶段的重点任务。

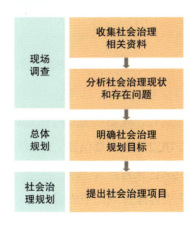

社会治理规划流程

316. 社会治理规划依据

答 社会治理规划依据包括政策文件和相关规划。

政策文件有中央历年一号文件、《关于健全落实社会治安综合治理领导责任制规定》《中共中央关于坚持和完善中国特色社会主义制度 推进国家治理体系和治理能力现代化若干重大问题的决定》《关于加强和改进乡村治理的指导意见》《关于加强法治乡村建设的意见》《关于向重点乡村持续选派驻村第一书记和工作队的意见》《社会组织助力乡村振兴专项行动方案》，各级政府出台的关于社会治理、宣传培训的文件等。

相关规划包括国民经济与社会发展"十四五"规划和行业"十四五"规划、乡村振兴战略规划和其他相关专项规划。

317. 社会治理规划原则

答 社会治理规划原则包括以下四项：

一是坚持党管农村。规划首先要确保党对乡村治理的强有力领导，将加强基层党组织建设放在首要位置，巩固好党组织的战斗堡垒作用，凝聚合力。

二是坚持民主管村。体现在规划中就是要建立健全村民自治机制，提高群众自治组织、农村经济组织、群团组织和社会组织的活力，引导村民进行自我约束、自我管理，同时以法律为依据制定各项制度，规范自治形式。

三是坚持依法治村。体现在规划中，就是要构建现代乡村社会治理体系，要强化法律权威地位，提升执法水平，让法治精神、法治理念在广大农村生根发芽，健全乡村公共法律服务体系。

四是坚持平安护村。体现在规划中，就是要营造平安和谐的村庄环境，要着力健全农村治安防控体系，打造平安、祥和、稳定的新农村，健全农村公共安全体系。

318. 社会治理规划目标

 社会治理规划目标包括总体目标和具体目标两个方面。

总体目标是从乡村社会治理体系和治理能力出发，对社会治理目标进行概括性描述。例如：乡村公共服务、公共管理、公共安全保障水平显著提高，党组织领导的自治、法治、德治相结合的乡村治理体系更加完善，乡村社会治理有效、充满活力、和谐有序，乡村治理体系和治理能力基本实现现代化。

具体目标是根据社会治理的实际情况，提出具体的、能获取的指标。例如：基础组织有效提升，提升联系服务群众水平，提升村干部素质能力，提升干部队伍的整体素质；乡村自治不断完善，建立健全村"一约四会"制度；法治建设持续加强，加大普法力度，让村民有法可依，为村民提供法律服务；思想德治得到提升，提升村庄"信用"活力；社会治安得以保障，有效提升村庄安全水平，创造安全、安宁、和谐的村庄环境。

319. 加强基层党组织建设

 加强基层党组织建设是提升农村基层组织治理能力的有效途径，是推动乡村振兴的固本之举。

规划措施包括：通过创新组织设置和活动方式，加强党支部和党小组建设。通过实施带头人队伍整体优化提升行动、村干部素质能力提升工程、村级后备干部培养储备工程，深化干部队伍建设。通过落实党员定期培训制度、"三会一课"制度，加强基层党员管理；通过实施"农村党员创业带富"工程，发挥党员先锋模范作用。

规划可根据村党委班子成员的年龄结构、教育水平、知识技能，以及对带动村民增收致富的意愿和能力，向相关部门提出优化和改进建议；提出村干部素质能力提升计划，明确培训对象、时间、地点内容、方式；摸底本村人才，联系县、乡政府渠道，制定村庄后备干部培养计划，明确培养数量、对象、服务周期；提出党组织生活和党员定期培训方案，明确"三会一课"、主题党日等活动的计划，包括活动时间、频率、主题等。

320. 完善乡村自治制度

答 村民自治有利于维护社会稳定、促进农村经济发展和推动农村基层民主政治建设，是乡村治理的战略渠道，能够有效实现政府行政治理与村民自治的衔接。

规划措施包括：通过建立健全"四会"组织（红白理事会、道德评议会、村民议事会、禁毒禁赌会），规范自治组织选举办法，完善自治制度，健全村级议事协商制度，加强自治组织建设。通过健全村务监督委员会，实施村级事务阳光工程，建立健全村规民约，规范完善村规民约，完善村务监督机制。

规划可提出建立健全组织、制度的实施建议，明确组织原则、流程、工作机制等；对于已成立的组织，从完善组织制度、加强组织公信力等方面，提出改进意见。对村务监督、村级事务阳光工程等民主议事机制实施情况提出意见，对机制尚不健全的，提出建立健全的建议，包括规章制度、运行机制、人员组织等；对已有相应机制的，从完善机制运行、强化权力监督等方面提出具体建议。

321. 加强法治乡村建设

答 法治乡村建设是乡村振兴战略的重要内容，是新时代全面推进乡村振兴的关键环节。通过因地制宜建设乡村法治，建设一个利益有保障、纠纷能化解、矛盾能消融的乡村秩序，为乡村振兴战略提供安定有序的社会软环境。

规划措施包括：通过深入开展法治村（社区）创建活动，提高村民法治素养。通过深化普法宣传，提高基层干部依法办事能力。通过完善村庄调解组织网络，组建法律服务队伍，完善矛盾防范化解机制。通过开展农村法律援助，健全农村公共法律服务体系。通过推进公益法律服务进乡村，提高群众的法律素养。

规划可策划普法宣传活动，明确活动主题、时间、地点、频率；提出打造民主法治村（社区）所需软硬件条件；组织乡村基层干部进行法律相关知识培训，制订培训计划，明确培训对象、人次、时间、地点、内容等；为村庄设置法律顾问和法律援助联络员等。

322. 提升乡村德治水平

答 乡村德治是乡村自治和乡村法治的基础。要牢牢把握德治定位，坚持以道德约束引领治理自觉，发挥德治在弘扬社会正气、促进社会向善等方面的教育作用，繁荣振兴乡村文化。

规划措施包括：通过创新道德教育新模式，加强社会公德、职业道德、家庭美德、村规民约教育，强化道德教化作用。通过开展诚信宣传教育和培训，宣传"守信为荣，失信可耻"的理念，加强村庄诚信建设。通过开展村级道德评议工作，实施关爱道德模范激励机制，发挥道德模范引领作用。

规划可针对村庄产业发展情况，组织产业经营者开展诚信主题教育活动，明确活动主题、方式、地点、时间、对象和频率；在村内组织道德评议活动，评选出不同类型的道德模范，提出评议活动的举办地点、评选标准、激励机制、名额指标等内容。

323. 加强平安乡村建设

答 加强平安乡村建设，是加强和改进乡村治理的又一重点任务。通过安防视频监控、监控点网络等措施，助力基层治安管理，以创造安全安宁和谐的村庄环境，切实维护农村社会平安稳定，推进更高水平的平安法治乡村建设。

　　规划措施包括：通过创新现代农村警务机制，推动基层网格化管理，健全农村治安防控体系。通过开展农村扫黑除恶专项斗争，打击农村非法宗教、邪教活动，打造平安、祥和、稳定新农村。通过开展农村安全隐患排查，推进农村"雪亮工程"，健全农村公共安全体系。

　　规划可提出为村庄配备警务助理；组织黑恶势力和非法宗教活动专项整治行动，明确行动主旨、整治对象；提出"雪亮工程"建设方案，明确所需配备硬件设施的数量、位置、规格等。

第十章

人才建设规划

324. 乡村振兴人才类型

325. 人才从哪里来

326. 人才建设规划内容

327. 人才建设规划流程

328. 人才建设规划依据

329. 人才建设规划原则

330. 人才建设规划目标

331. 人才建设现状分析

332. 需要人才如何确定

333. 生产经营型人才培育措施

334. 创新创业型人才培育措施

335. 社会服务型人才培育措施

336. 公共服务型人才培育措施

337. 乡村治理型人才培育措施

324. 乡村振兴人才类型

答 习近平总书记指出：农村经济社会发展，说到底，关键在人，乡村振兴离不开人才支撑。2021年2月，中共中央办公厅、国务院办公厅印发《关于加快推进乡村人才振兴的意见》，提出乡村振兴需要五类人才，包括生产经营型人才、创新创业型人才、社会服务型人才、公共服务型人才和乡村治理型人才。

规划过程中，应了解每类人才现状，结合人才需要，制定相应的人才建设方案。

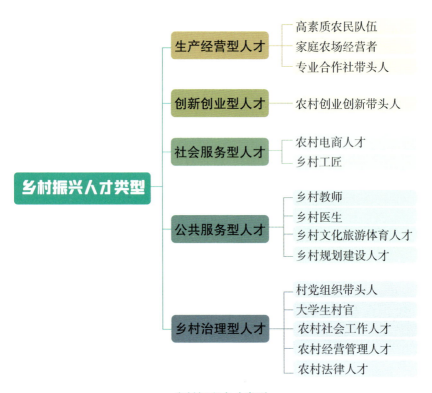

乡村振兴人才类型

325. 人才从哪里来

答 功以才成，业由才广，要畅通智力、技术、管理下乡通道，造就更多乡土人才，聚天下人才而用之。主要有留住本地人才和吸引外来人才两条途径，重点是留住本地人才。

留住本地人才，就是要激发内生动力，加大本土人才培育力度。具体措施包括针对性地开展教育培训，培养农民群众学习的主动性；整合农业技校、农业服务站、科普示范园区等各类资源，提高乡村人才的综合素质和专业技能；加强互联网营销培训，打通产销渠道。

吸引外来人才，就是要汇聚外部力量，引导各类人才投身乡村。需要县级政府研究制定配套政策，建立健全符合各地乡村人才发展的政策框架体系和激励引导机制，因地制宜制定具有吸引力和"含金量"的乡村引才政策。

326. 人才建设规划内容

答 人才建设中吸引外来人才需要依靠县级政府层面，研究制定配套政策，因此村级乡村振兴规划的重点是做好本地人才培养。具体来说，有三个方面的内容：一是分析村庄人才现状和存在的问题；二是根据已有的规划，提出村庄的人才需求；三是构建乡村人才体系，提出人才建设规划方案。

327. 人才建设规划流程

答 人才建设规划包括以下四项内容：

一是收集人才建设相关资料。全面收集乡村人才建设相关基础资料。包括各级政府出台的相关政策文件和地方政府组织的专项活动等。

二是分析人才建设现状和存在问题。通过现场调查，了解本村人才和劳动力、外来人才、上级政府提供的人才服务情况，分析现有人才建设存在的问题。

三是确定人才建设需求。根据规划要求和现状人才情况，提出不同类型人才的需求。

四是提出人才建设项目。根据上级政府出台的政策文件要求，结合村庄人才需求，提出人才建设项目，包括人才类型、人才数量、培育方式、政策建议等。

其中，第一、二项内容在现场调查阶段完成，第三、四项内容是人才建设规划阶段的重点任务。

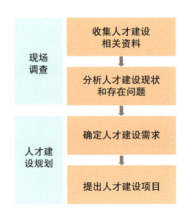

人才建设规划流程

328. 人才建设规划依据

答 人才建设规划依据包括政策文件和相关规划。

政策文件有中央历年一号文件、《关于加快推进乡村人才振兴的意见》《关于深入实施农村创新创业带头人培育行动的意见》《关于加强新时代高技能人才队伍建设的意见》《关于推动返乡入乡创业高质量发展的意见》。

相关规划包括国民经济与社会发展"十四五"规划、《国家乡村振兴战略规划（2018—2022年）》，以及其他相关专项规划。

329. 人才建设规划原则

答 人才建设规划的原则包括以下三条：

一是立足实际。人才建设要以服务村庄发展为目标，以村庄的各类需要为依据，提出不同类型的人才需求。

二是分类施策。不同类型人才的培养方式、标准、时间和费用都是不同的，有些能通过传帮带自发学习，有些则需要长期持续投入才能见效，要因事、因人定策。

三是多元参与。人才建设需要发动全员参与。一方面要拓宽乡村人才的来源渠道，发动本地人才、吸引联动外部人才，打开思路、放开胸襟，让各类人才在农村有发挥的空间；另一方面要推动政府、培训机构、企业等发挥各自优势，共同参与乡村人才培养。

330. 人才建设规划目标

 人才建设规划目标包括总体目标和具体目标两个方面。

总体目标是从人才制度框架和政策体系、人才规模、素质、结构等方面，对人才建设目标进行概括性描述。例如：乡村人才振兴制度框架和政策体系基本形成，乡村振兴各领域人才规模不断壮大、素质稳步提升、结构持续优化，各类人才支持服务乡村格局基本形成，乡村人才初步满足实施乡村振兴战略的基本需要。

具体目标是根据人才建设规划的实际情况，提出具体的、能获取的指标，如专业技术人才数量、产业发展服务人员配置率、乡村建设人才数量等。

331. 人才建设现状分析

 人才建设现状分析是进行人才建设规划的基础，包括三个方面的内容。

一是了解本村人口和劳动力现状。通过与村干部座谈和当地公安部门获取人口户籍信息等方式，了解本村人口性别、年龄、数量、文化程度、劳动技能、空间分布；劳动力就业情况，外出人员空间分布情况；外来人才情况，本村有无外来人才，外来人才来本村的原因，从事的工作，各项待遇落实情况、生活设施情况。

二是了解上级政府提供的人才服务。通过与区县、乡镇和村干部座谈，了解上级政府提供的各项人才服务，以及政策落实存在的问题和瓶颈。

　　三是了解本村的人才需求。通过座谈与实地踏勘，了解本村各方面的人才需要，以及在人才培养方式、培养渠道、培养机制等方面的需求和建议。

332. 需要人才如何确定

　　乡村需要人才包括生产经营型人才、创新创业型人才、社会服务型人才、公共服务型人才和乡村治理型人才五类。

　　生产经营型人才，分为生产型和经营型人才。生产型人才，主要着眼现有生产设备，以安全生产、高效生产、优质生产为目标，如种植能手、养殖能手、捕捞能手、加工能手等；经营型人才，包括家庭农场经营者、专业合作组织负责人、农业龙头企业经营者、经纪人等。规划根据种养业、农产品加工业、生产性服务业发展和新型经营主体培育需要，提出所需的生产经营型人才类型、数量、级别等。

　　创新创业型人才，是具有创新精神和创业能力，寄希望通过科技创新与创业来加快转变农业发展方式，是促农增收致富、激发农村活力的领头雁和骨干力量。规划根据乡村休闲旅游业、新产品新业态和其他新型产业发展的需求，提出所需的创新创业型人才类型、数量、级别等。

　　社会服务型人才，包括三类：一是提供农业播种、收割、病虫害防治等专业技术服务的主体，即"替农民种地"的人才；二是民间艺人，致力于引领或培育文明乡风、良好家风、淳朴民风；三是被国家纳入长远规划之中的乡村工匠。规划根据生产性服务业、农产品流通等产业发展需求，塑造良好的家风、民风和乡风的乡风文明建设需求，提出所需的社会服务型人才类型、数量、级别等。

公共服务型人才，指在农村公共部门，拥有正式或非正式职位，致力于社会管理与公共服务的人才，如乡村教师、乡村医生、村级防疫员、乡村信息员、乡村植保员、乡村技术推广员等。规划根据完善村庄基本公共服务设施、打造宜居人居环境的需求，提出所需公共服务型人才类型、数量、级别等。

乡村治理型人才，在提升乡村"三治"水平中，起到率先垂范、积极推动的人才，如农村基层干部、"新乡贤"、经营管理人才和法律人才等。规划根据村庄提升社会治理水平的需求，提出所需乡村治理型人才类型、数量、级别等。

333. 生产经营型人才培育措施

答 生产经营型人才包括生产型和经营型人才两类。

生产型人才，培育目的是打造一支高素质农民队伍，通过实施现代农民培育计划、充分利用网络教育资源、实施农村实用人才培养计划，提升农民的文化、技术、经营和管理水平。

经营型人才，在县级层面建立农民合作社带头人人才库，村级层面采取家庭农场者培养，鼓励创办领办家庭农场、农民合作社，聘请农业经理人，鼓励参加职称评审、技能等级认定等措施，打造一批知识型、技能型、创新型的农业经营管理人才。

334. 创新创业型人才培育措施

答 县级层面，可建设农村创业创新孵化实训基地，组建农村创业创新导师队伍。村级层面，可通过专题培训、实践锻炼、学习交流等方式，完善乡村企业家培训体系，开展电商专家下乡等活动，完善涉农企业人才激励机制。

335. 社会服务型人才培育措施

答 县级层面，建立农村电商人才培养载体及师资、标准、认证体系，开展电商专家下乡活动，在传统技艺人才聚集地设立工作站。

村级层面，组织开展各线上线下相结合的多层次人才培训；设立名师工作室、大师传习所等，挖掘培养乡村手工业者、传统艺人；鼓励传统技艺人才创办特色企业，带动发展乡村特色手工业；建设专家工作室、邀请专家授课、举办技能比赛，提升从业者职业技能。

336. 公共服务型人才培育措施

答 县级层面，制定完善乡村教师、乡村基层卫生健康人才激励机制，包括落实乡村教师生活补助，完善乡村基层卫生健康人才激励机制，落实职称晋升和倾斜政策，完善文化和旅游、广播电视、网络视听等专业人才扶持政策，实施首席规划师、乡村规划师、建筑师、设计师制度。

村级层面，对乡村文艺社团、创作团队、文化志愿者、非遗传承人、乡村建设工匠和乡村旅游示范者进行培训。

337. 乡村治理型人才培育措施

答 县级层面，可制定乡镇工作补贴、艰苦边远地区津贴政策；从上级机关、企事业单位优秀党员干部中选派村党组织书记，以及村党组织书记实施跨村任职；坚持和完善第一书记和工作队制度；多渠道实施大学生村官制度，加强选调生到村任职。

村庄层面，鼓励参与社会工作职业资格评价和各类教育培训，建设农村调解仲裁人才队伍，建立农村集体经济组织人才培养激励机制，建设乡村儿童关爱服务人才队伍，培养通专结合、一专多能执法人才，培育"法律明白人"，农村学法用法示范户，落实"一村一法律顾问"制度。

第十一章

投资估算

投资估算

338. 投资估算方法

339. 资金筹措

340. 分年投资安排原则

341. 分年投资计划

338. 投资估算方法

 投资估算方法与工作深度相对应。根据村级乡村振兴规划深度，采用全费用综合单价估算投资。

全费用综合单价＝直接费＋间接费＋利润＋税金。来源一般有以下三种途径：一是规划编制单位掌握的资料；二是村庄所在地区和周边其他地区已建、在建类似项目的相关资料；三是通过咨询或网络查询等方式，多渠道多单位询价。

投资估算，是按照规划工程量和综合单价计算。

339. 资金筹措

 乡村振兴需要动员全社会的资源，做好资金和要素保障，资金来源一般有以下四个渠道。

一是强农惠农资金，指各级财政安排用于"三农"的各项资金投入，包括农村基础设施建设资金、农业生产发展资金、对农业和农民的直接补贴资金、农村社会事业发展资金等。

二是专项资金，是国家或有关部门或上级部门下拨行政事业单位具有专门指定用途或特殊用途的资金，在村庄产业发展、村庄建设、人才培训等方面可申请使用的专项资金。

三是社会资本，是社会成员之间的互动关系、信任和合作的资源，可以是个人、家庭或组织的财产，也可以是人们的信任、彼此交往的方式和行为规范等。

四是自筹资金，是通过调动村民及村民组织的积极性，筹集村庄所需的资金，包括村民个人储蓄和资产、企业和合作社自由资金、社会捐赠和民间自主、政府和非政府组织的资助等，也可通过以工代赈的方式推动建设项目的实施。

340. 分年投资安排原则

答 乡村振兴是一项长期任务，需要进行统筹安排、全局谋划，在项目和资金方面要遵循两个原则。

一是相互协调原则。每年的建设计划应与县域国民经济和社会发展"十四五"规划、专项规划等相协调，确保项目建设在公共投资方面形成合力。

二是轻重缓急原则。将项目按照轻重缓急或影响程度进行排序，对发展有直接、迫切、久远影响的项目优先安排，对发展间接、不急、短暂影响的项目暂缓安排。例如：把道路硬化、安全饮水、污水排放、公厕提升、网络信号等普惠性民生工程优先安排，改善群众生活条件，确保民生需求；适度超前开展交通、农田水利、冷链物流等基础设施项目，支撑产业发展。

341. 分年投资计划

答 分年投资计划要根据村庄发展总体思路，结合安排原则，确定各项规划建设项目的实施顺序。根据项目的实施顺序及投资安排，做出分年投资计划。最后进行综合平衡。

第十二章
规划效果分析

342. 规划效果分析内容

343. 产业发展效果分析

344. 乡村建设效果分析

345. 乡风文明建设效果分析

346. 社会治理效果分析

347. 人才建设效果分析

348. 规划效果综合分析

342. 规划效果分析内容

答 规划效果分析是从产业发展、乡村建设、乡风文明建设、社会治理、人才建设五个方面和规划效果综合分析，对规划实施后的效果进行全面分析。

343. 产业发展效果分析

答 产业发展效果体现在产业体系、经营主体和利益联结机制三个方面。

产业体系方面，通过实施农田水利设施、田间道路工程、平整土地工程、林网建设、土壤改良、高标准农田建设等项目，进一步夯实农业基础设施；通过发展特色林果业、设施农业、生态渔业、生态畜牧业、建设农产品基地、发展现代农业产业园、打造田园综合体，壮大村庄优势农作物，不断适应市场需求，增强农业竞争力；通过构建高效加工体系，促进优势农产品转化增值，提高农产品附加值；通过发展特色餐饮、农家乐、乡村民宿、采摘园、乡村游园、农业体验项目、垂钓项目、生态观光休闲项目和康养项目，促进乡村旅游业发展；通过提供农资供应、农业技术、农机作业、农产品销售和农业市场信息等生产性服务，提高农业作业效率和农业产业链的协调性；通过建设农产品集散地、粮食收储供应安全保障工程、冷链物流配送体系、快捷高效配送和电子商务，构建农产品流通体系，促进农产品供求衔接；通过发展飞地经济、物业经济和数字经济等新产业新业态，拓宽村民的增收渠道；通过实施农产品品牌建设，提升产品的竞争力和附加值。

经营主体方面，通过增加集体经济组织收入，培育壮大种植大户、专业合作社、农业龙头企业，提高各类经营主体的综合能力，推动各类经营主体走上质量兴农之路。

利益联结机制方面，通过建立利益相关方协作和差异化分配机制，加强监督评估，让农户尽可能多地分享增值收益。

344. 乡村建设效果分析

 乡村建设实施效果体现在基础设施、基本公共服务设施和人居环境三个方面。

基础设施方面，通过提升完善道路设施、供水工程、雨水工程、电力设施、信息基础设施、防灾减灾设施和消防设施，加强农村基础设施和公共服务体系建设，让农村具备更好的生活条件。

基本公共服务设施方面，通过建设行政管理、教育设施、文体设施、卫生设施、商业服务设施、社会保障设施等，进一步推进基本公共服务均等化，加强多样化生活服务供给。

人居环境方面，通过推进环卫设施、厕所革命、污水工程、村庄环境，保护古树名木和文化古迹，打造良好的生态环境，改善和提升乡村地区的居住环境和生活条件，以提高乡村居民的生活品质和幸福感。

345. 乡风文明建设效果分析

从思想道德教育、传承中华优秀文化传统、发展特色文化和完善公共文化服务四个方面对乡风文明的规划效果进行分析。

思想道德教育，通过开展组织活动、强化制度约束、发挥典型示范带动、完善设施建设、加强基层理论骨干培训等措施，增强乡村认同感和归属感，生成弘扬共同理想、凝聚精神力量、建设道德风尚的强大动力。

传承中华优秀文化传统，通过保护乡土文化的物质载体、弘扬和传承非遗文化，使风格各异的乡村文化成为乡村的亮丽名片，使乡村社会成为广大乡村人民守望乡愁的重要依托。

发展特色文化，通过把乡村文化元素纳入农村产业发展、让乡村文化走出去，保护传承和开发利用有机结合起来，让优秀农耕文明在新时代展现其魅力和风采。

完善公共文化服务，通过完善乡村文化基础设施、丰富公共文化产品供给和丰富乡村文化活动，有利于加强农村文化建设、保障农民享受基本文化权益、提高农民文化素养和生活水平、促进农村经济发展和社会和谐。

346. 社会治理效果分析

通过加强基层党组织建设、完善乡村自治制度、加强法治乡村建设、提升乡村德治水平、加强平安乡村建设，加快推进乡村治理体系和治理能力现代化，助力实现农业高质高量、农村宜居宜业、农民富裕富足。

347. 人才建设效果分析

通过培训乡村人才、优化育才环境等方式，留住本地人才和吸引外来人才，为实现乡村振兴提供人才支撑。

348. 规划效果综合分析

答 综合分析是对具体分析的总结，包括社会效益、生态效益、环境效益和经济效益等四个方面。通过农业结构调整，村庄农业资源得到合理开发、保护和利用，提升村庄的生态效益；通过完善基础设施，提升人居环境，提升村庄的环境效益；通过构建农业产业链、发展乡村旅游业、生产性服务业，提升村庄的经济效益；通过完善基本公共服务设施，加强思想道德教育、传承传统优秀文化、完善公共文化服务，提升社会治理和人才建设水平，提升村庄的社会效益。

第十三章
规划实施保障

规划实施保障

349. 编制内容

350. 组织保障

351. 政策保障

352. 实施机制

353. 要素保障

349. 编制内容

答 规划实施保障是通过采取一系列措施，预防或减轻规划实施中潜在的风险和问题，为规划实施提供必要的支持，确保规划目标得以实现。

规划实施保障措施要围绕规划如何落实来展开，从组织、政策、机制和要素等相关方面提出实施建议。

350. 组织保障

答 组织保障是根据各级党委、政府、村民自治组织、社会团体等不同组织在规划中扮演的角色，对规划提出实施建议。如要发挥各级党委的领导作用，统筹谋划，层层分解落实任务；激发基层组织的主观能动性，带动群众共建共享。

351. 政策保障

答 政策保障是通过政府制定政策、措施和机制来保证规划的顺利实施。如制定出台法律法规和政策文件，确保规划的合法性和可行性；健全财政、金融政策措施，确保规划目标顺利实现。

352. 实施机制

答 实施机制是通过组织结构、工作流程、协调机制和监测评估等要素，确保规划的顺利执行。如通过制定部门间的配合机制，提高规划执行的效率；通过对实施过程进行监测、评估和反馈，保证规划的执行质量；通过提高利益相关方对规划的理解，推动规划的顺利实施。

353. 要素保障

答 要素保障是针对规划实施所需的资金、人员，提出相应的措施。如通过预算安排和资源调配、财政规划和年度预算等方式提供资金保障。

第十四章

问题及建议

问题及建议

354. 问题说明

355. 有关建议

354. 问题说明

答　规划不能解决全部的问题，对于规划中没有解决或者解决不到位的问题，应在规划报告后单独列出一节来说明，写出规划的主要问题，比如乡村振兴规划与其他规划的协调问题，规划与实施之间的问题，规划实施资金来源与实施主体之间的问题，规划实施评价问题等。写规划说明的目的是提醒规划业主和审批机关，在规划审批和实施过程中对重点问题进行关注，体现规划的科学性和合理性。

355. 有关建议

答　规划建议包括两个方面：一是对规划中没有解决的问题，后续如何处理提出建议；二是对规划编制完成的后续实施问题提出建议，包括规划监督实施管理、推动具体设计、促进项目实施落地等。

第十五章

规划审批

356. 审批流程

357. 征求意见

358. 专家咨询

359. 规划审批

360. 规划调整

356. 审批流程

答 村级乡村振兴规划的上位规划是村级国土空间规划，规划审批要求可参照村级国土空间规划执行。但村级乡村振兴规划并非法定规划，可结合实际情况和建设需要酌情简化。

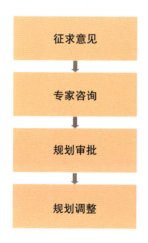

规划审批流程

357. 征求意见

答 初步提出规划成果后需征求相关方意见，包括村级意见、乡镇意见和县级意见。村级意见要经村"两委"和村民代表大会审议，并在村内进行公示；乡镇意见要经由乡镇党委、政府审核同意后，报请县级审核；县级意见由县政府组织相关专业部门对规划内容进行审核。

对于不同层级的意见，要逐条研究；对于有明确依据、科学合理的意见应充分吸收和采纳；对于不予采纳的意见，必须有充分的理由。

358. 专家咨询

答 专家咨询包含两层意思。其一是规划编制单位在编制过程中，需要组织内部的专家咨询，主要为规划拓宽思路、把握方向；其二是在规划成果提出后，邀请相关领域专家对规划开展咨询，为规划成果进行把脉纠错。专家咨询采取组织评审会、提交函审、现场审查等多种形式。

359. 规划审批

答 规划成果经专家咨询后，由自然资源部门或乡村振兴主管部门组织包括农业农村、住建、发改、文旅、财政、民政、交通、水利、林业、环保、教育、卫生、消防、组织等相关部门，相关领域专家一同对规划进行审查。根据审查意见修改完善后，报县政府批准实施。

360. 规划调整

答 根据实施过程中出现的实际情况，如政策环境或上位规划调整、区域重大基础设施建设或其他应当修改规划的情形等，可对规划进行调整。调整内容需经村委会提出要求，由规划编制单位论证调整的合理性和必要性，报请规划审批机构审核同意后方可调整，按要求调整完成后，报请原审批机关审批。